糸の博物誌

ムシたちが糸で織りなす多様な世界

齋藤 裕・佐原 健 共編

海游舎

はじめに

　人間は古代から糸を紡ぎ，それを織って衣服をつくることで寒さをしのぎ，さらにその身体を飾ってきました．なかでもカイコガの繭からとれる絹糸でつくられる絹織物は，ローマ帝国，中国や日本の古代王権の象徴でもあり，その交易のために地中海や中東世界と原産地中国の間にシルクロードと呼ばれる路があったことはよく知られています．また，ギリシャ神話には機織りの女神アテネがおり，彼女に機織りで対抗したアラクネが，神に挑戦した不遜を咎められて糸を紡ぐクモに転生させられたことが語られています．クモのグループを表す学名である Arachnida（蛛形綱）は，このアラクネの神話からつけられたものです．人間と糸の歴史は長く，糸や絹に関する言葉も多様化していて，現代ではしばしば間違った使い方がされるほどになっています（Box 0-1）．このように，絹は，羊毛や植物由来の糸（木綿）とともに古代から人間の生活や文化とは切っても切れない存在でしたが，その存在自体があまりに普通すぎて，それがいったい自然界で何のために生み出されて（進化して）きたのかについては，あまり多くが語られていませんでした．

　実際，編者でさえこの本を企画した段階で，どのようなムシが糸を出すのか，その大半を知らなかったというのは，いかにも迂闊なことです．クモ，チョウやガの幼虫，そしてハバチ，また社会性のアリのワーカーが幼虫をつかんで，その紡ぎ出す糸を使って巣をつくることなどは，一般に知られている範囲でしょうが，タマバエ（タマカ），チャタテムシ，トビケラ，シロアリモドキなどになるとまずほとんどの人は知らないでしょう．さらにカニムシ，テングダニ，ハモリダニ，フシダニの出す糸となると，たぶん全く視界の外です．なぜ「糸を出す」

Box 0-1　糸に関する用語の定義について

　本書を編集していて，執筆者によってそれぞれの用法があって，ムシの「糸」にまつわる用語にかなりの混乱があることに気づいた．それが不統一であると本としての体裁を欠くことになりかねないので，ここでは，人間の糸利用に際しての用法に従って，それらの整理を試みることにする．

　糸　長く細い繊維で，その形状が固定しているもの（納豆の引く糸のようなものは含まない）．

　絹糸腺　出糸腺と言われることもあるが，液状絹をつくる器官なのでこう呼ぶのがふさわしいと判断した．なお，カイコ以外のムシの糸も全て絹と呼べるかどうかという問題があるが，海外では全てシルクと呼ぶので，ここでも全て絹の字を使った．また，そこから出る物質が必ずしも糸にならない場合でも，研究者が絹糸腺と表現している場合はこれに含めた．ただし唾液腺はこれと区別することにした．

　紡ぐ　ある物質から糸をつくり出す行為．物質は液状絹などのねばねばの液体であったり，真綿，木綿や羊毛などの短い繊維であったりする．我々が糸を紡ぐという場合に合致するのは後者である（短繊維を束ねて引っ張り出して，それを撚って長い糸をつくる）が，カイコのように液状絹を引き出して糸に整形する行為もできるだけ「紡ぐ」と呼ぶことにした．ただし，表現が微妙であったり，すでに成語になっている場合は，「糸を出す」あるいは「出糸」を用いた．

　紡糸口　従来「吐糸口」と書かれてきたが，第1, 2, 4, 6章で述べるようにほとんどのムシは体や脚の動きによって糸を紡ぐことはできるが，糸を吐き出すことはできない．また，先に定義したように，糸をつくり出すことを紡ぐというとすれば，その糸が紡がれ始める場所を紡糸口と呼ぶのが妥当であろう．

繭　紡いだ糸を材料にしてつくられるものの1つで，蛹の入る構造物．「繭を紡ぐ」という表現は，「糸を紡いで繭をつくる」とするのが正しい．ただ，ムシの場合，糸を紡ぐことと繭をその糸でつくることが同時に行われることが多いために，このような混同が生まれたものと思われる．我々が，網あるいは布を「織る」とは言うが，「紡ぐ」とは言わないのは道理である．

ツムギアリ　このアリは葉片を糸で綴るので，ツヅリアリと言ってもよさそうだが（渋谷寿夫さんは，ハタオリアリと呼んでいる），幼虫の紡ぐ糸を使って，葉を綴る行動から名付けられたのであれば正しい．多くの場合，「紡ぐ」行動と「綴る」行動が同時進行なので混同しやすいのであろう．

接着剤か糸か　本文中にもたびたび出てくるのだが，この違いは厳然と区別するのは困難なようである．先のツムギアリの例についても，著者間で見解の相違が出ている（第2章と第4章）．ようかいけむり（Box 2-1）でも述べるが，瞬間硬化型でない接着剤は糸を引くし，それが糸状のまま硬化すれば，まさしく糸に見える．しかし，その場合，糸を「利用」しているのではなく，粘着剤を利用して綴っているのだとすると，さてこれは綴った結果として「見える糸」であって，糸になってからそれを利用した，というのは少々疑問だということになろう．また，ヨーロッパメンハナバチの例で，絹糸腺様の器官からセロハン状のもの（あるいは膠膜）が形成されたとして（第4章），これは糸にもなる物質が，糸ではなく，スクリーンになってしまったものとして，本書では糸の範疇に入れて記述した．些細なことだと言えばそれまでだが，本書はそういうことに悩まされつつなったものであることを，あらかじめご理解いただきたい．

という性質が，このように多くのグループに「独立」に進化したのでしょうか．最近，中田謙介さんはクモの糸をドーキンスの「延長された表現型(すなわち，個体の身体以外に表現される形質)」として再考していますが，まさしく，動物の適応を助ける重要な体外「装置」になっているのです．言い換えれば，動物(ムシ)が最初に「道具」のようなものを使ったのは，この糸なのではないでしょうか．実に，クモの祖先が糸を出すようになったのは，少なくとも3億8千万年前だったと，ブルネッタとクレイグさんはその著書 "*Spider Silk*" で述べています(第1章参照)．

そこで，本書では，この動物の糸に注目して，どのような種が，どのような場面でそれを出し，そしてそれはどのような機能をもっているのかについて紹介したいと思います．ヒトにとってさまざまな素材でつくられる糸が欠くべからざるものであるように，糸を出す動物たちにとってそれは欠くべからざるものであり，それがそれぞれの動物の進化に深く関わってきたのだ，ということを少しでも理解していただけたら幸いです．

なお，煩雑さを避けるために，本文中には文献引用を控えました(適宜，報告者のお名前だけをあげます)．さらに詳しく知りたい読者の皆さんのために，巻末にその項目が載っている主な参考文献を示しました．

  2012年7月

齋藤 裕・佐原 健

目次

はじめに
 Box 0-1 糸に関する用語の定義について ················ iv

1 クモと糸 （遠藤知二）
 1-1 クモと糸の切っても切れない関係 ······················· 1
 1-2 クモは糸をどのようにしてつくるか ···················· 6
 1-3 クモの糸の性質 ······································· 15
 1-4 クモ，木に登る ······································· 23
 1-5 クモの巣の小径をたどる ―― 2つの円網をめぐる迷路 ··· 27
 1-6 逸脱への道 ··· 33
   Box 1-1 糸の力学的性質 ······························ 16

2 ダニと糸 （齋藤 裕）
 2-1 ダニの糸 ··· 41
 2-2 巣網をかける社会性ハダニ ··························· 46
 2-3 「道具」としての糸 ··································· 49
 2-4 命綱と（浮）遊糸 ····································· 57
 2-5 糸から網へ ··· 60
 2-6 トイレと網 ··· 61
 2-7 巣網の防護機能 ······································· 65
 2-8 不規則網の防護機能 ··································· 70
 2-9 種間競争の武器？ ····································· 72
 2-10 コミュニケーションの手段としての糸 ················ 74
 2-11 副産物としての網 ··································· 75
 2-12 それ以外のダニの糸 ································· 78
 2-13 この章のおわりに ··································· 80
   Box 2-1 糸とけむり ·································· 42
   Box 2-2 糸によるゴミ掃除 ···························· 54
   Box 2-3 巣のサイズの測り方 ·························· 67

3 昆虫の系統と糸利用の多様性　　　　　　　　　　（吉澤和徳）
- 3-1 昆虫の系統進化 …………………………………………… 82
- 3-2 口から糸を出す昆虫 ……………………………………… 85
  - コロギス（バッタ目） …………………………………… 86
  - チャタテムシ（カジリムシ目） ………………………… 86
  - ノミ目 …………………………………………………… 87
  - ユスリカとブユ（ハエ目） ……………………………… 88
  - ヒカリキノコバエ（ハエ目） …………………………… 88
  - トビケラ目 ……………………………………………… 89
- 3-3 おしりから糸を出す昆虫 ………………………………… 89
  - トビムシ目，イシノミ目，シミ目 ……………………… 89
  - サナエトンボ（トンボ目） ……………………………… 90
  - シロイロカゲロウなど（カゲロウ目） ………………… 90
  - シマアザミウマなど（アザミウマ目） ………………… 91
  - ウスバカゲロウの仲間（アミメカゲロウ目） ………… 91
  - ガムシ（コウチュウ目） ………………………………… 92
- 3-4 脚から糸を出す昆虫 ……………………………………… 92
  - シロアリモドキ目 ……………………………………… 92
  - オドリバエ（ハエ目） …………………………………… 93
- 3-5 「出所」不明 ……………………………………………… 94
  - *Kahaono montana*（カメムシ目） …………………… 94
- 3-6 糸を出すという行動の進化 ……………………………… 95

4 ハチと糸　　　　　　　　　　　　　　　　　　（郷右近勝夫）
- 4-1 親が紡ぐ糸 —— 自活から子の保護 …………………… 100
- 4-2 親世代が幼虫の糸を利用 —— ツムギアリの糸 ……… 109
- 4-3 幼虫世代が紡ぐ糸 —— 繭は口ほどにものを言い …… 111
  - ① 卵型 …………………………………………………… 114
  - ② 長楕円体型 …………………………………………… 115
  - ③ こん棒型 ……………………………………………… 116
  - ④ 松茸型 ………………………………………………… 119
  - ⑤ 絹傘（天蓋）型 ……………………………………… 120
- 4-4 絹傘の機能 ………………………………………………… 122
- 4-5 砂粒の「揺りかご」，繭にあけられた小窓の謎 ……… 123
- 4-6 この章のおわりに ………………………………………… 126
  - Box 4-1　繭の形態による「種・属の検索」について … 113
  - Box 4-2　ハバチ類の繭 ………………………………… 128

5 寄生蜂とチョウと糸　　　　　　　　　　　　　　（田中晋吾）
 5-1　寄生蜂が糸を使うとき　………………………………… 131
 5-2　糸を利用して厳しい環境から身を守る　……………… 135
 5-3　誰がために天幕を織る？ ── 寄生蜂による寄主の行動操作 137

6 チョウとガの糸　　　　　　　　　　　　　　　　（佐原　健）
 6-1　カイコ　………………………………………………… 147
 6-2　繭の形　………………………………………………… 149
 6-3　繭の色　………………………………………………… 151
 6-4　幼虫の糸　……………………………………………… 152
 6-5　糸のコスト　…………………………………………… 153
 6-6　どうして繭をつくるのか　…………………………… 154
 6-7　繭をつくる他のチョウ目昆虫　……………………… 155
 6-8　繭をつくらないチョウ目昆虫の糸　………………… 157
 6-9　水にすむトビケラの糸　……………………………… 160
 6-10　絹タンパク遺伝子とその進化　……………………… 161
 6-11　遺伝子から見た糸の強さと伸縮性　………………… 162
 6-12　カイコの生物学的な起源　…………………………… 163
  Box 6-1　吐糸口は正しい？　…………………………… 148
  Box 6-2　ガとチョウの違い　…………………………… 155
  Box 6-3　ザザムシ　……………………………………… 160

7 人と絹　　　　　　　　　　　　　　　　　　　　（佐原　健）
 7-1　養蚕の起源　…………………………………………… 166
 7-2　絹糸と生糸　…………………………………………… 168
 7-3　日本近代養蚕業の盛衰　……………………………… 170
 7-4　カイコ繭の育種　……………………………………… 172
 7-5　トランスジェニックと絹糸がつくれないカイコの良い関係 ‥ 177
 7-6　皇室と養蚕　…………………………………………… 179
  Box 7-1　絹織物の種類　………………………………… 167
  Box 7-2　微粒子病　……………………………………… 171
  Box 7-3　デニールについて　…………………………… 173
  Box 7-4　プラチナボーイと遺伝学　…………………… 174

おわりに　……………………………………………………………… 181
参考文献　……………………………………………………………… 184
事項索引　……………………………………………………………… 189
生物名索引　…………………………………………………………… 192

1 クモと糸

(遠藤知二)

1-1 クモと糸の切っても切れない関係

　クモとはどのような生き物なのでしょうか．大学の授業のなかで，学生たちにクモの特徴を示す絵を描かせたことがあります．131人の学生のほとんどが8本脚のクモを描きました．あろうことか，6本脚や10本脚のクモを描いた学生も5%ほどいましたが，かつて4本脚のニワトリを描いた大学生がいると騒がれた事件（？）に比べると，驚くことでもないような気がします．驚かないほうもどうかしているのかもしれませんが，体の基本体制を見ると，体が2つに分かれている正しいクモの絵は全体の80%，残りは体が3つに分かれた昆虫っぽいもの，全身が一体化したダニっぽいものでした．どこから脚が生えているかなど，もっと詳しく見ていくと，正確な絵はずっと減るものの，学生の多くは体が2つに分かれており，脚が8本あることをクモの特徴として捉えているようでした．

　実は，これらは間違いではありませんが，むしろクモガタ綱（蛛形綱）という，ダニ，ザトウムシ，カニムシ，サソリ，サソリモドキ，クモなどの目を含むより大きな分類群の特徴と言えます．これらのグループは，基本的に，体が前体と後体に分かれ，前体に鋏角，触肢，4対の歩脚の計6対の付属肢をもっています．この基本体制に，ダニやザトウムシのように前体と後体の区別がつかないとか，サソリモドキのように尾があるとかのバリエーションが加わります．

では，クモガタ綱のなかでクモ目だけがもつ特徴は何かというと，それは腹部に糸疣(いといぼ)をもつことです．糸疣は筋肉質の突起で，糸物質(シルク＝絹糸)を生産する分泌腺である糸腺の開口部である出糸管があります．学生たちの絵をもう一度見てみると，腹部末端に糸疣らしい突起が描いてあるものが3枚ありました．糸疣こそ描いてはいないものの，腹部の末端から糸を出していたり，背景にクモの網が描き込んであったりするものも含めると，全体の21％の学生がクモを，糸を出す生き物として描いていました．クモが糸を出すことは，たぶん誰でも知っているのでしょう．しかし，糸を出すことがクモの決定的な特徴なのだとまでは思わなかったのかもしれません．クモ目は世界でおよそ40,000種が記載されており，その全てが糸疣から糸を出します．本書のトップバッターにふさわしく，クモは糸を紡ぎ，糸を操ることでさまざまな生態的地位を占めることに成功し，適応放散した生き物と言えます．本章では，クモの出す糸がどのようなものか，クモがそれをどのように利用することで繁栄しているのかを述べることにします．

　クモガタ綱のなかでも，クモ以外のダニの仲間(2章)やカニムシも糸を出しますが，いずれも口器付近に糸を出す腺が開いています．それに対して，クモの「糸疣」は腹部にあり，この糸疣は腹部の付属肢が変化したものと考えられています．近年，エボデボと呼ばれる進化発生生物学の進展によって，節足動物の進化において付属肢の変化が大きな役割を担ったことがわかってきました．例えば，ディスタルレス(*Distal-less*)という遺伝子は，ウニから節足動物や哺乳類にいたるまで，動物の脚づくりに関与しており，胚発生の際に発現します．節足動物の脚は体節ごとに1対あり，付属肢と呼ばれていますが，エビやカニのような甲殻類の付属肢は途中から枝分かれしているため，二枝型付属肢と言います．一方，昆虫やクモの付属肢は枝分かれしていない単枝型です．そこで，付属肢の構造から，甲殻類，三葉虫，カブトガニなど，二枝型付属肢をもつグループと，昆虫，多足類，クモなど，単枝型付属肢をもつグループに分けるという考え方がありまし

た．しかし，この分け方は，甲殻類，昆虫，多足類をまとめる大顎類と，カブトガニ，クモなどをまとめる鋏角類という分け方とは相いれません．甲殻類の二枝型付属肢の内側の枝は脚として機能しており，外側の枝は鰓として機能しています．ディスタルレス遺伝子は，甲殻類の場合内側の枝でも，外側の枝でも発現していました．昆虫の場合には，6本ある脚はもちろん，翅が形成される場合にもこの遺伝子が発現していることがわかりました．つまり，昆虫の翅は，どうやら二枝型付属肢の外側の枝をつくる遺伝子を活用してつくられているようなのです．したがって，二枝型付属肢をもつか，単枝型付属肢をもつかは，見かけほど大きな違いではなく，祖先は基本的に二枝型であったと考えられるようになりました．また，ディスタルレス遺伝子は，クモでは脚のほかにも，腹部にある書肺，気管，糸疣がつくられる場所で発現していました．このことは，糸疣もやはり付属肢起源であることを示しています．

　さらに，昆虫の翅を形成するのに必要なアプテラスタンパク質やナビンタンパク質をつくる遺伝子は，甲殻類では鰓を，クモと同じ鋏角類であるカブトガニでは鰓書を，クモ類では書肺，気管，および糸疣を形成する際に発現していることがわかったのです．これらはいずれも，節足動物の祖先が水中で生活していたときには，その体節に1対ずつもっていた二枝型付属肢の外側の枝で鰓として機能していたと考えられています．それぞれの節足動物の祖先は，付属肢の外枝をつくるためのツールキット遺伝子を活用して，陸上生活に必要な翅や書肺，糸疣など異なる機能をもたせるように進化させたのだろうというわけです．クモの書肺はもともと鰓が果たしていた呼吸のための機能を引き継いでいますが，面白いことに糸疣のほうは今では糸を出すという全く異なった機能を果たしています．

　しかし，糸疣をもつことと糸を出すこととは，イコールではありません．アメリカ，ニューヨーク州ギルボアのデボン紀中期（約3億8千万年前）の地層から得られたアッテロコプス（*Atterocopus*）の化石は，1 mmもないくらいの小さな体の破片ですが，たくさんの出糸管をも

図 1-1 ロシアのペルム紀の地層から産出したペルマラクネの化石　腹部に体節構造があり，尾がある．アッテロコプスとともにクモ目の姉妹群と見られる．Penny & Selden 2011 を改変．

った糸疣であると考えられ，そのためクモの特徴をもった最古の化石とされていました．しかし，その後得られた標本も加えて詳しく検討されたところ，出糸管のある表皮は，たまたま半紡錘形になって糸疣のように見えるだけで，実は腹部の腹板だと考えられるようになったのです．つまり，アッテロコプスはおなかの表面にある毛のような部分からじかに糸を出していたことになります．しかも，アッテロコプスには，どうやら尾のような体節構造もあったらしいことがわかりました．これらのことから最近では，アッテロコプスは，糸を出していた最古のクモガタ綱の動物ではあるものの，クモ目から独立したグループとして扱われるようになりました．クモ類の古生物学者であるセルデンさんたちは，アッテロコプスと同じように尾と腹部の腹側に体節構造をもった，ロシアのペルム紀の地層から出土したペルマラクネ (*Pelmarachne*) とともに (図 1-1)，絶滅目の 1 つ (「尾のあるクモ」という意味のウララネア目) として位置づけています．

　アッテロコプスは，クモにつながる直接の祖先ではないのかもしれませんが，住居である穴の内側を糸で裏打ちしたり，卵を糸で覆って保護したりして，糸を利用して暮らしていたと想像されています．クモの祖先も，最初は糸疣をもたずに糸を出して生活していたのかもしれません．進化発生生物学の成果と考えあわせると，からだに糸疣をつくる仕組みは，脚づくりの仕掛けを応用しており，腹部の体節で眠

1-1 クモと糸の切っても切れない関係

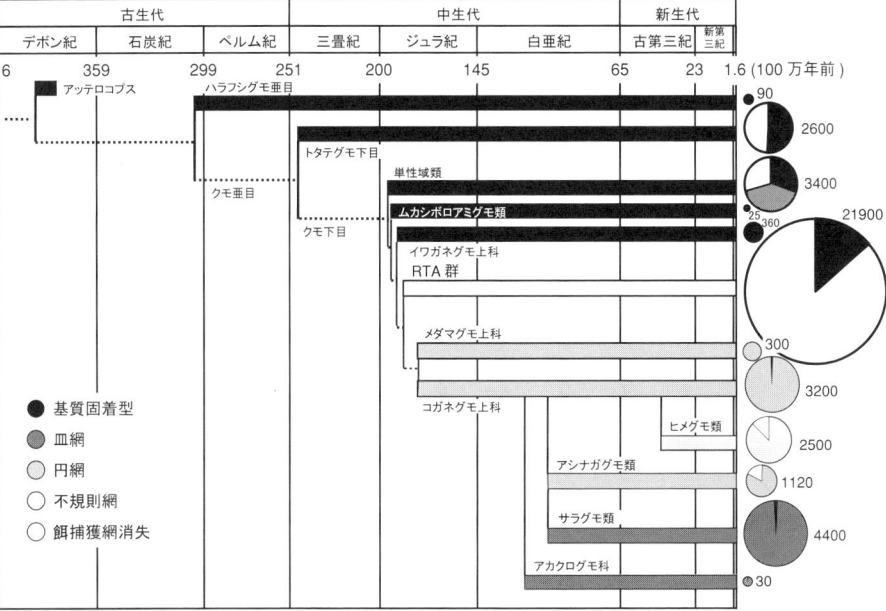

図1-2 クモの系統進化と系統群ごとの現生種の概数 各系統群を表す横棒は，主な網のタイプと生活様式によって区別されている．円グラフの大きさは各系統群に属する現生種のおよその種数（円グラフの横の数字）を表し，さらに網のタイプ別の種数の割合を示す．クモの系統の分岐年代は Vollrath & Selden 2008 を基にし，系統の推定と各系統群の種数は Blackledge et al. 2009 を改変．

っていたツールキット遺伝子が再活性化することで形成されるようになったのかもしれません．クモの祖先がどのような進化の道筋をたどったのであれ，平板なところにたくさんの出糸管が散らばっているよりも，突起の上に出糸管が集中的に存在しているほうが，細い繊維を撚
り
あわせて太い糸にしたり，糸を直線的に引いたり，あるいはある場所に糸を付着させたりと，効果的に糸を利用できるはずです．おそらく，このようにして出糸管のある糸疣を獲得した動物がクモだったのです．

糸疣をもったクモの祖先は，腹部の4節目と5節目にそれぞれ2対の糸疣をもっていたと想像されています．現生のクモ目は，ハラフシグモ亜目とクモ亜目の2つに分けられ，さらに後者はトタテグモ下目

とクモ下目に分けられます（図1-2）．ハラフシグモ亜目は，腹部の背側に体節構造を残しており，最も原始的なタイプで「生きた化石」と呼ばれていますが，4対の糸疣がいちおう全部そろっています．いちおうというのは，4対ある糸疣のうち，前方内側の糸疣には糸腺の開口部である出糸管がないからです．このことも，糸疣の起源と糸腺，出糸管の起源が独立したものであることを物語っているのかもしれません．また，他のクモでは糸疣は，腹部の後方に位置にしていますが，ハラフシグモ亜目では糸疣が腹部の真ん中あたりにあります．これもハラフシグモ亜目にしか見られない特徴で，糸を紡ぐにはあまり便利そうには思えませんが，糸疣をけっこう器用に動かして地中に掘った穴を糸で裏打ちすると言います．

　一方クモ亜目のクモは，トタテグモ下目の大半の種では糸疣が腹部5節目の2対だけになっているなどの違いがあるものの，糸疣は腹部の真ん中ではなく，その末端に位置しています．このことによって，クモはさらに上手に糸を操ることができるようになったと考えられます．

1-2　クモは糸をどのようにしてつくるか

　クモは，腹部に糸疣をもつ生物であるという特徴を強調してきました．クモが糸を巧みに操ることができるのは，この糸疣という独特の器官をもつにいたったからだと言えます．しかし，クモが糸を利用して多様な生態的地位を占める存在になれた理由は，それだけではありません．クモのほかにも，多くの節足動物が糸をうまく利用するように進化してきたことは，本書の他の章からも明らかです．クモをひいきするわけではありませんが，糸を使う生き物として長い歴史をもったクモは，他の糸利用生物の及ばない性質をもっています．それは，何種類もの糸腺をもち，それぞれ異なった性質の糸をつくり，生活のさまざまな局面で用いている点です．ここでは，まず，クモがどのようにして糸をつくっているのか，糸の種類にはどのようなものがあるのか，糸の性質はどのようなものかを述べることにします．

繊維が人間にとって重要であることは言うまでもありません．人間は，綿，麻などの植物繊維や，羊毛，絹などの動物繊維を衣服や寝具などに使ってきました．このような天然素材の繊維は，今ではどちらかというと高級素材になり，人工の合成繊維のほうがずっと一般的です．合成繊維はどのようにしてつくられるのでしょうか．繊維をつくるための基本工程は，簡単に言ってしまえば，(1) 原料（ドープ）である高分子をどろどろにして，(2) 小さな孔のあいた口金から押し出し，(3) 引き伸ばして，(4) 固化させ，(5) 巻き取る，というものです．

　どうやって液化するか，また固化するかは，原料の性質によっていろいろです．加熱すればどろどろになり，冷やせば固まるような性質をもった原料であれば，「溶融紡糸」という方法がとられます．ナイロンやポリエステルは，それぞれ原料であるナイロン樹脂やポリエステルチップを加熱することで溶かし，口金から押し出したものを空気で冷却してつくられます．原料をどろどろにするのに溶媒を使う必要がある場合には，固化する際に溶媒を取り除かなくてはなりません．それには，いったん凝固液の中に浸けて溶媒を拡散させる「湿式紡糸」という方法と，空気中で溶媒を蒸発させる「乾式紡糸」という方法があります．植物繊維であるセルロースを主原料とするレーヨンは，初めてつくられた化学繊維として有名ですが，水酸化ナトリウムのようなアルカリ溶液で溶かし，凝固液の中で繊維として取り出します．アクリルは，加熱すると変性してしまうので，溶媒を用いて溶かし，口金から押し出したあと，その溶媒を熱風で蒸発させてつくられます．

　クモがつくる「糸」でも，原理は同じです．どろどろになった糸の原料である高分子が細い管を通って，「口金」から押し出され，固化した糸として出てきます．しかし，もちろんクモは加熱したり，強力な薬品を溶媒に使ったりして糸の原料を溶かすわけにはいきません．クモが糸をつくる方法は，生物のもつ優れた能力や仕組みをまねて応用しようとするバイオミメティックスの注目する優れ技で，それは原料の性質によるところがとても大事なのです．

　人工の化学繊維と違って，クモの糸やカイコガの糸は，タンパク質

でできています．シルクという言葉はふつうカイコガがつくる絹糸を指しますが，クモの出す糸のことも英語ではシルクと呼びます．ただ，シルクという言葉には形状として「糸」になっているというニュアンスは含まず，糸を構成している物質を指しています．そこで，シルクに相当する日本語は「絹」と考えたほうがよいのかもしれませんが，クモの糸を「絹」と呼ぶと混乱します．ここでは，英語の表現では「シルク」がふさわしい文脈でも，あまり厳密には考えず，場合によって「クモの糸」，「糸」，「絹糸」，「糸物質」などと表現することにします．したがって，タンパク質でできていると言ったのは，シルク＝糸物質のことです．カイコガやクモがつくる繊維タンパク質はフィブロインと呼ばれますが，特にクモのつくる代表的な糸タンパク質にはスピドロインという名がつけられています．スピドロインは，もともと分泌されたときには，どろどろの液状タンパク質なのです．

　糸をつくる糸腺のなかでも，よく研究されているアメリカジョロウグモ（*Nephila clavipes*）の大瓶状腺（major ampullate gland）で説明しましょう．大瓶状腺は，奥のほうから尾部（テイル），嚢部（サック），導管部（ダクト）の 3 つの部位によって構成され（図 1-3），この順で流れ作業のようにして糸がつくり出されます．まず，尾部に並んだ分泌細胞からは，スピドロインを 50％ほど含んだ粘り気のある溶液が分泌されます．分泌された溶液は，最初は「だま」になっていますが，糸腺の中を移動していくにつれて，細長くなり互いにくっついていきます．嚢部はそれらを蓄え，さらに嚢部の分泌細胞からは糸を被覆する糖タンパク質が分泌されます．嚢部から漏斗のような部分を経てつながる導管部は，ループ構造をもった長い管で，しだいに先が細くなっています．この部分は，化学繊維の合成工程ではいわば内部の「口金」の役割を果たしており，そこを通過していく間に原料から水分が吸収され，分子の方向がそろって糸が形成されていきます．フォルラートさんとナイトさんによれば，この液状タンパク質を含む原料は，ネマチック液晶なのだそうです．ネマチック液晶とは，粒子の方向性がそろっていて結晶のような性質をもっている一方で，粒子の空間的

1-2 クモは糸をどのようにしてつくるか

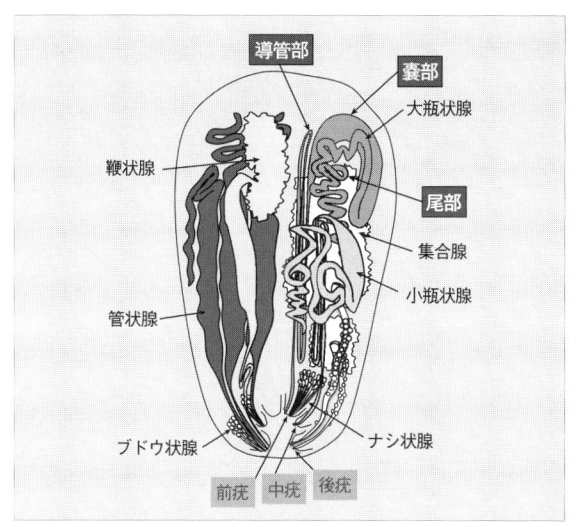

図1-3 ジョロウグモの糸腺 左右の糸疣に開口する糸腺を模式的に描いてある．白文字は大瓶状腺の3つの部位，網版の文字は糸疣を示す．吉倉1987を改変．

分布はランダムなため流動性のある液体としてふるまうものを言います．液晶ディスプレイに利用されているのもこのネマチック液晶です．電圧をかけることによって粒子の方向性を変化させ，透過する光を調節しています．彼らは，糸の原料が液晶性であるがゆえに，つくられた糸の分子の方向がばらばらになってしまうことなく，比較的小さな力で糸をつくることができるという利点があると考えています．また，原料を口金から押し出して外部で固化させる化学繊維の合成方法と違って，導管部で水分を吸収することで固化させ，でき上がった繊維を出糸管から外部に出す方法は，水をリサイクルする経済的な方法でもあります．導管部のおしまいのほうにあるバルブを通ってできた糸は，最後に糸疣上にある出糸管から外へ出ます．

　クモは何種類の糸腺をもっているのでしょうか．答えは，クモの種類によって違います．吉倉真さんの大著『クモの生物学』(1987)には，いろいろな種のクモの糸腺の解剖図が載っています．それを見ると，ハラフシグモ亜目の糸腺は未分化で1種類だけのようです．それに対

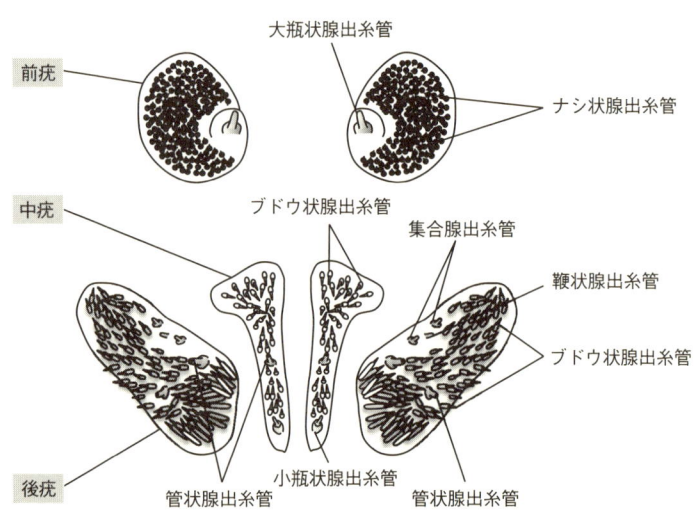

図 1-4　コガネグモ上科のクモの糸疣における出糸管の基本配置　Coddington 1989 を改変.

して，円網をつくるジョロウグモでは6種類の糸腺が図示されています．6種類のうち瓶状腺は，現在では先に登場した大瓶状腺と小瓶状腺を区別するのがふつうになっているので，全部で7種類の糸腺をもっていることになります．これは，円網をつくるコガネグモ上科に共通の特徴となっています．これらのクモは，7種類もの糸腺でつくり出す糸をどのように利用しているのでしょうか．

　ブドウ状腺（aciniform gland）は，糸腺がブドウの房のような形をしていることにちなんだネーミングです（図1-3）．ブドウ状腺は，クモの種類によっても数が違いますが，コガネグモ科のクモでは合わせて数百のブドウ状腺が，中疣と後疣にある出糸管で開口しています（図1-4）．したがって，ブドウ状腺の糸はいわばシーツ状になって出てくるので，手早く大量の糸を出すことができます．コガネグモなどは，網にかかった餌をしばしば「捕帯」と呼ばれる糸でラッピングしますが，この捕帯にはブドウ状腺の糸を用います（図1-5）．クモは餌がかかると，第4脚で糸を繰り出すようにして餌に向かって投げかけ，餌

1-2 クモは糸をどのようにしてつくるか

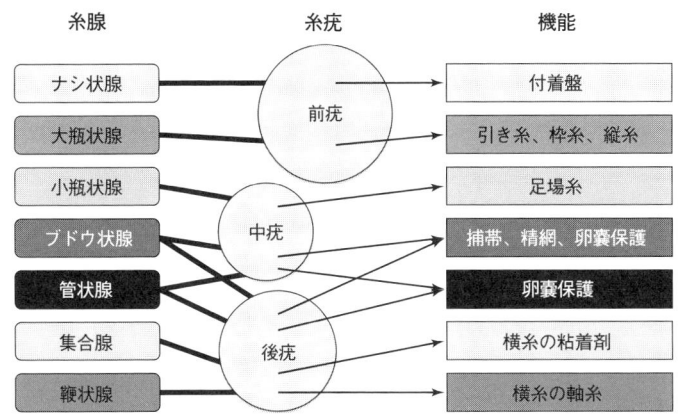

図1-5 円網を張るクモの糸腺の種類，開口する糸疣，およびその糸の主な機能

を包み込みます．この方法は，不用意に近づくと危険な餌を動けないようにしたり，しばらくの間餌を網に置いておくのにくるんだりする目的で使われます．

また，クモのオスは最後の脱皮をして成体になると，触肢の先に複雑な構造ができます．配偶の際には，ここに精子を蓄えて，メスの腹部にある外雌器と呼ばれる器官に精子を送り込むのです．しかし，精巣は腹部にあるため，精子を腹部から触肢に移さなくてはなりません．このとき，クモは触肢を腹部に直接あてて精子を取り込むのではなく，いったん精子を外に出してから触肢に取り込みます．オスはまず「精網」という特殊な網を張り，その網の上に精液を置いて，それから精子を触肢に吸い込みます．この精網はブドウ状腺の糸製です．また，クモのメスは卵塊で産卵します．卵塊は「卵嚢」という丈夫な袋で保護されていますが，卵嚢をつくるのにブドウ状腺糸が用いられます（図1-5）．このように，ほとんどのクモでオス・メスともに繁殖の際にブドウ状腺糸を使うので，ブドウ状腺はかなり原初的な糸腺と考えられています．

ナシ状腺（piriform gland）も，その形状が果物のナシに似ていることにちなんだ命名で，ブドウ状腺と同じく，導管部が短く多数の腺が群

がるようにして存在します（図1-3）．ナシ状腺から出るのは，糸というよりも，むしろ接着剤とかセメントのようなものです．これは「付着盤」と呼ばれており，糸同士を接合したり，糸を植物やその他の基質に固定したりするのに使います．その他のクモの糸には基本的には接着性はないので，この付着盤がなければクモは糸で何かをつくることも，自分を支える命綱として使うこともできません．

　管状腺（cyllidriform gland）は，中疣と後疣に開口する比較的大きな糸腺です（図1-3）．管状腺の糸は，卵囊の内側で卵塊を包む柔らかい糸として用いられます．産卵のときだけに必要になるので，メスにしかありません．

　大瓶状腺でつくられる糸は「しおり糸」とか「引き糸（dragline）」と呼ばれています．後者の呼び方は，クモが歩きながらたえず引きずっている（ドラッグしている）からで，多くのクモにとって命綱の役割をしていたり，構造物をつくるための主材料にしていたりする基本的なツールです．大瓶状腺をもっているのはクモのなかでもクモ下目のクモだけです．ハラフシグモ亜目やトタテグモ下目のクモは歩きながら常に糸を出してはいるのですが，先に述べたように，糸腺の分化は明瞭ではなく，大瓶状腺をもっていません．この名前は，すでに図に示したように，糸腺の形が瓶に似ているからです（図1-3）．円網のなかでは，大瓶状腺の糸は「枠糸」や「縦糸」といった構造物を支える部分に使われています（図1-5, 1-6）．

　大瓶状腺に形の似た小瓶状腺（minor ampullate gland）は，糸の力学的性質や糸タンパク質の構造，その遺伝子などが理解されるにつれ，大瓶状腺とは分化したものであることがわかってきました．小瓶状腺の糸は，円網の「足場糸」として用いられます．コガネグモ科のクモは，縦糸の間にほぼ一定の間隔で粘着性のある横糸を張っていきますが（図1-6），横糸を置く前に網の中心部から外縁部に向かって粗いらせん状の足場糸をめぐらします．網の外縁に達したクモは，今度は中心に向かってより密な間隔で横糸をかけていくのですが，このとき脚で足場糸を触りながら，別の脚では横糸として使われる糸をたぐりな

図 1-6　円網の構造　クモが横糸をかける前に仮設する足場糸は，横糸をかけながら同時に取り除かれるので，ここには示されていない．

がら，そして規則正しく縦糸の間にそれを固定しながら，次の動作のために体を動かしていくという，複雑きわまりない行動をとっています．このような動きは高速で行われているため，目で見ていてもなかなか把握できません．

　残る2つはコガネグモ上科に固有の糸腺で，円網の横糸として使われています．横糸には粘着性があり，飛んでいる虫をうまく捕らえるのに重要な役割を果たしています．この横糸の軸糸として利用されているのが鞭状腺(flagelliform gland)の糸で，粘着性をもたせるために糸にコーティングされているのが集合腺(aggregate gland)由来の物質です．クモはどうやって粘着物質のコーティングをしているのでしょうか．鞭状腺と集合腺の出糸管は同じ後疣上にあり(図1-4)，それらはたいへん合理的に配置されています．2つある集合腺出糸管が，鞭状腺出糸管の先端部を両側から取り囲むように寄り添っていて，同時に糸を出せば，粘着性のある集合腺の分泌物が自動的に軸糸に塗布されていくと容易に想像できます．

　コスタリカにあるスミソニアン熱帯研究所のエバーハードさんは，

長年にわたって熱帯の多様な自然のもとで膨大な観察を行ってきました．それらの観察と文献資料に基づいて，興味深い着想のもとに多くの論文を書いており，まさしく現代の博物学者というべき研究者です．そのエバーハードさんが最近，多くの種類の糸腺がなぜ3対の糸疣のあちこちに分布しているのか（図1-4）を機能的な面から説明しようとしました．鞭状腺と集合腺は糸腺の配置がとても合理的であることを示唆していますが，このような問題は誰もほとんど考えたことがなかったのです．

　この問題に取り組むために，まずエバーハードさんが考えたのは，クモはどうやって糸を出し始めるのか，です．奇妙に聞こえるかもしれませんが，ここには糸を操るための重要な問題があります．私たちが50 mの巻尺で距離を測るときのことを考えればよいかもしれません．2人一組になって，一方が始点で巻尺の先をもちながら立ち，もう片方が巻尺を伸ばしながら歩いていく——これがいちばんやりやすい方法でしょう．もし1人で作業するとしたら，巻尺の先を固定するなどの工夫をしなければなりません．もちろんクモは誰かに糸の先をもってもらうわけにはいきません．さらに難しいことに，巻尺であればリールを回すことで少なくともラインを引き出すことができますが，クモの「出糸」器官には糸を内から外へ押し出す仕組みがないのです（2-4節参照）．

　それではクモはどうやっているのか．エバーハードさんによれば，出糸開始には今まで3つの方法が考えられています．1つは，巻尺の先を何とか固定するのと同じ要領で，引き糸をナシ状腺から出す糊のような付着盤で基質に固定してから引っ張り出すやり方です．あるいは出糸管の先に濡れた状態の糸があるなら，それを基質に押しつけ，離すことで糸が出始めるでしょう．糸疣を基質に触れさせる必要があるので「直接接触法」と言います．2番目の方法は，「引き糸開始法」です．先に述べたように，クモは捕帯を使って餌をラッピングすることがありますが，このときはブドウ状腺を引き糸にくっつけて，合わせて糸を引っ張り出すようです．3番目の方法は，エバーハードさんが

「クラッピング開始法」と呼んでいるもので，クラッピングとは1対の糸疣をぱちんとたたくことです．たたき合わせた拍子に左右の出糸管の糸がくっつき，糸疣を離すことで糸が引き出されるというわけですが，この方法が実行されているという確実な証拠はありません．

各種糸腺の出糸管配置でエバーハードさんが注目したのは，上流側か下流側かです．クモは前進しながら糸を引いていきます．したがって糸疣が相対的に体の前方に位置していれば，つまり上流側にあれば，後方の糸疣とは関係なく糸が引き出せないと困ります．一方，糸疣が相対的に後方にあれば，つまり下流側にあれば，前方の糸疣から出る糸を利用して糸を引き出すことが可能です．

このことを踏まえて，いま一度各糸疣の位置と各種糸腺の出糸管の配置を眺めてみると，大瓶状腺の出糸管とナシ状腺の出糸管は前疣(ぜんゆう)にあり，後者は前者を取り囲むように配置されています（図1-4）．この配置のおかげで，クモは移動しながら直接接触法で引き糸を出すことができると考えられます．また，これらの出糸管が上流側にあるということは，下流側に位置するその他の糸腺の糸に引き糸開始法が適用できるということです．まさしくブドウ状腺の出糸管は，中疣と後疣にあり，引き糸を出す大瓶状腺出糸管の下流にあります（図1-4）．管状腺の出糸管も中疣と後疣の両方にありますが，これらの糸の先端はわずかながら粘着性があるので直接接触法によって出糸を開始しているのではないかとエバーハードさんは考えているようです．各種糸腺の出糸管がなぜ今あるような配置になっているのかについての理解は，端緒についたばかりで，今後の検討が必要でしょう．

1-3 クモの糸の性質

クモがたくさんの種類の糸腺を駆使して糸を使い分けていることを述べてきました．そもそも異なった糸腺でつくられる糸は，何が違うのでしょうか．最近になって糸をつくるタンパク質の構造や，糸タンパク質遺伝子の解析が進み，また糸の力学的性質についてもかなり多

くの種のクモで調べられるようになって，それらとクモの生活様式とがしだいに結びつけて理解されるような機運が高まってきています．クモの糸をつくるタンパク質の組成や構造については，大崎茂芳さんの著作にその研究の苦楽とともに述べられています．詳細についてはそれらに譲るとして，ここでは最近の研究成果の一部を紹介しましょう．

Box 1-1　糸の力学的性質

　糸の力学的な性質を示す方法は，糸の軸の方向に力（力/繊維の断面積）をかけたときの糸の長さの変化（伸びた繊維の長さ/元の繊維の長さ）を，「応力-ひずみ曲線」として表現することである．例えば，ある繊維に徐々に力をかけて，その長さの変化を測定して，図1-7Aのような応力-ひずみ曲線が得られたとする．最初，糸は力をかけるとひずみが大きくなり，a点までは力をゆるめると糸の長さは元に戻る．しかし，a点を過ぎると繊維内部の分子構造が非可逆的に変化して，力を除いても完全には元に戻らず，ひずみが残ることがある．さらに力をかけると，やがて糸がb点で切れてしまう．

　a点のことを降伏点（yield point）という．降伏点までの糸は，伸び縮みする性質をもっているので弾性的（elastic）である．応力とひずみが比例関係にあるときの傾きを弾性率（stiffness）と呼んで，糸の固さや柔らかさを表す（大きな弾性率をもつ場合が固い，小さな場合が柔らかいということになる）．降伏点を過ぎた糸は，元の状態に戻らないので，塑性的（plastic）になる．

　糸が切れるb点は，破壊点（breaking point）という．そのときの最大の応力が引張り強さ（tensile strength）で，それが大きければ強い糸，小さければ弱い糸ということになる．糸が切れるまでの最大のひずみが伸び（extensibility）にあたる．糸が伸びやすいか，そうでないかの目安になる．破壊点にいたるまでに糸にかかった総エネルギーは，図の網かけ部分の面積で表され，じん性（toughness）という指標になる．じん性が大きいことは糸が粘り強い（タフ）という．

　ヒステリシスとは，履歴特性のようなもので，どのような力を加えた

1-3 クモの糸の性質

クモの糸がいかに優れているかを示すために，しばしば鋼鉄よりも「5倍強い」などと言われます．また，クモの糸は，「強くて柔らかい」という2つの性質を併せもつことが特徴だとも言われます．これらの言葉が正確にどういう意味なのかを理解するのは，日常的な表現であるにもかかわらず，それほど簡単ではありません（Box 1-1 参照）．

図1-8は，ギンコガネグモ（*Argiope argentata*）の糸の性質を表して

かによって元の状態に戻らないことを言う．例えば，ゴムひもを引っ張ると，大きく伸びるが，緩めると勢いよく元に戻る．緩めたときには，加えたエネルギーとほぼ同じくらいのエネルギーが放出される．このような場合にはヒステリシス特性は小さいことになる．一方クモの糸は引っ張ると，大きく伸びるが，戻るときには勢いはない．それは，図Bのように，力を加えて伸びるときの応力-ひずみ曲線の経路と，元に戻るときの経路が違っているためである．

このような糸はヒステリシス特性が大きいと言える．図の網かけ部分が示すエネルギー量は，糸内部に残り，最終的には熱として失われてしまう．飛んでいる虫を捕まえるジョロウグモやコガネグモの円網では，虫の運動エネルギーを吸収する必要があるが，そのためには糸のヒステリシス特性が重要だと考えられている．

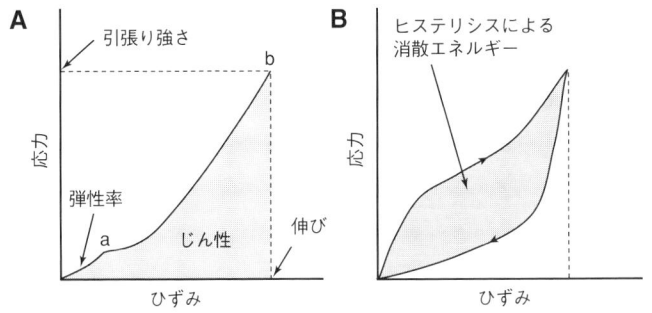

図1-7　糸の力学的性質を示す応力-ひずみ曲線 (A) とヒステリシス特性を表す模式図 (B)　　図Aの点a, bはボックス内の説明を参照．

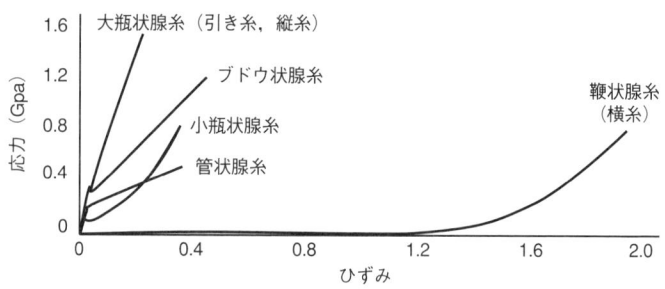

図 1-8　ギンコガネグモ（*Argiope argentata*）のいろいろな糸で測定された応力-ひずみ曲線　Blackledge et al. 2006 を改変.

います．この図からも，円網の縦糸（大瓶状腺の糸）には引張り強度の大きい，つまり強い糸が使われているのがわかります．一方，軸糸（鞭状腺の糸）に使われているのは非常に伸びの大きい糸です．

　円網にかかる餌は，ほとんどが飛んでいる虫です．私はかつて北海道の草原でアカオニグモ（*Araneus pinguis*）の円網にどれくらい虫がかかるかを観察したことがありますが，網の周りに虫がたくさん飛んではいても，まず虫が網に飛び込んでくること自体がまれで，さらに網にかかっても小型のものを除けば多くの虫が逃げてしまうことがわかりました．せっかく網に飛び込んできた虫を捕まえるには，網そのものでどれだけの時間――と言っても数秒とか，せいぜい十数秒ですが――虫を引っ掛けた状態にしておくかが大事です．飛んでいる虫を網がインターセプトするためには，まずその大きな運動エネルギーを吸収しなければなりません．そのためには，強くてヒステリシス特性を備えた縦糸と，とてつもなく伸びやすい横糸がエネルギー吸収装置として働いています．個々の糸の性質とそれらが織りなす網全体としての生体力学的な仕組みについての研究は，これからもさらにクモの網の驚くべき巧妙さを明らかにしていくでしょう．

　縦糸や引き糸として使われる大瓶状腺糸を構成する主要な糸タンパク質がスピドロインであることはすでに述べたとおりです．コガネグモ上科では，このスピドロインに 1 と 2 の 2 種類があることがわかり

ました．それらは MaSp1 と MaSp2 と呼ばれています．スピドロイン1は，アラニン（A）やグリシン（G）などのアミノ酸を多く含んでおり，特にアラニンの反復（AAAA…）やグリシン-アラニンの反復（GA）が結晶性の β シート構造をつくっています．この結晶性の β シートが糸の強さを生み出しています．一方，スピドロイン2は1によく似ており，*MaSp2* 遺伝子が *MaSp1* 遺伝子の重複によって生じた遺伝子ファミリーの1つと考えられていますが，そのアミノ酸組成や配列に若干違いが見られます．その特徴は，グリシン-プロリン-グリシンというモチーフ（GPG）で，このモチーフは β ターンという分子構造をつくっており，それが糸に伸びやすさをもたらすと考えられます．1と2がブレンドされることで，強さと伸びを兼ね備えた糸がつくられ，またその割合の変化がクモの糸の性質に見られる大きな変異の原因にもなっているようです．

　横糸の軸糸である鞭状腺糸のタンパク質は Flag と呼ばれています．この *Flag* 遺伝子も，*MaSp1* 遺伝子や *MaSp2* 遺伝子，また小瓶状腺でつくられるスピドロインの *MiSp* 遺伝子とよく似ているのですが，そのタンパク質には強さを生み出す β シート構造がありません．そのかわり，グリシン-プロリン-グリシン-グリシン-その他のアミノ酸の繰り返し（GPGGX）を大量に含んでいます．これは，らせん状の分子構造をとることで伸びやすさのもとになる「ナノスプリング」構造をつくり出すのだと考えられています．

　さて，クモの糸のつくり方や種類，それらの性質について一通り解説してきました．現在のクモがこのように多様な糸をもち，多様な暮らしぶりを繰り広げるまでには約4億年という，途方もなく長い歴史が背景にあるのです．どのような道筋がそこにはあったのでしょうか．最近，サイエンスライターのブルネッタさんとクモ学者のクレイグさんは，共著で "*Spider Silk*" という本を出版しました．そのなかで，彼らはクモの進化にとってとりわけ重要な糸をめぐる5つの進化的革新をあげています．1番目は，言うまでもなくクモの先祖が糸を発明したことです．3億8千万年前にアッテロコプスが糸をもってい

たことはすでに述べましたが，今ではクモの直接の祖先ではないと考えられるようになっています．それに代わって，石炭紀（3億1200万年前）のフランス産ハラフシグモ亜目の化石が最古のクモ化石として繰り上がりました（図1-2）．

　クモの直接の祖先がいつ登場し，糸をもつようになったかはっきりはしませんが，アッテロコプスのいた頃とそう変わらない時期にいたと考えられています．陸上生活を始めたばかりのクモは，糸をどのように用いていたのでしょうか．卵の保護に塗りつけていた粘着的な物質が繊維状のものへと進化していったという説と，ウェットランドのような環境で生活していたクモの祖先が腹部に膜のように張りつけて空気を確保し，呼吸の便宜をはかっていたという説があります．ミズグモ（*Argyroneta aquatica*）は，水中でドーム状の網をつくり，中に空気を確保して生活しています．ミズグモはずっと後に出現したクモですが，それに近いことをしていたのではないか，というわけです．糸疣の形成にあたって発現するツールキット遺伝子が，もともと呼吸器官の形成に関与していたというエボデボの発見を思い起こすと，後者の説にも多少の説得力が加わります．もちろん，これらは想像の域を超えるものではありません．最初のクモがどのようなものであったかはわかりませんが，石炭紀に見つかっているハラフシグモは現生の種とすでにそう変わらない形態をもっています．これらの古生代のクモは，現在のハラフシグモ亜目と同じように，地中に巣穴を掘り，その内側を糸で裏打ちし，卵嚢をつくり，また巣穴の周りに糸で獲物が通過したことを知らせるトリップラインを張っていたかもしれません．

　第2の進化的革新は，トタテグモ下目に見られるような原初的な網をつくるようになったことです．トタテグモ下目で知られている最も古い化石は，やはりフランスの三畳紀（2億4千万年前）の地層から産出したジョウゴグモの仲間のものです．現在トタテグモ下目には約2,600種が知られており，大部分は地中に巣穴を掘って生活していますが，巣穴の入口の様式などにはそれなりのバリエーションを発達させており，また網をもつものもいます（表1-1）．

例えば，関東や関西の都市圏にも見られるキシノウエトタテグモ (*Latouchia swinhoei typica*) は，地中に5cmほどの巣穴を掘り，入口に1ドア式の蓋（トラップドア）を設けます．この蓋は，落葉などの有機物片をしっかり糸で裏打ちしてつくったもので，やはり糸で裏打ちにした巣穴と一部がくっついています．ただし，糸はそれほど強くないので，蓋は比較的簡単にとれてしまいます．強い糸をつくれないのは，トタテグモ類には大瓶状腺がないからです．そのため，これらのクモは一般にバルーニングと呼ばれる空中分散をすることができません．バルーニングは，子グモが糸を出して風に乗って移動する分散方法ですが，自分の体重を支えるだけの強い糸が必要で，ふつうは大瓶状腺の糸が使われます．おそらくバルーニングができないこともあって，トタテグモ類は他の場所への侵入や再定着にきわめて時間がかかると考えられます．各地で絶滅危惧種になっているのは，そのあたりにも理由があるのでしょう．

同じトタテグモ下目のクモでもジグモ (*Atypus karschi*) はバルーニン

表1-1 ハラフシグモ亜目とトタテグモ下目の巣口構造　++はその構造が科のなかでふつうに見られることを，+は少なくとも1種はその構造を示す層が存在することを表す．Coyle 1986を改変．

	トラップドア 1ドア式	トラップドア 2ドア式	カラー	タレット	袋状	餌センサー付き	糸シグナル	ジョウゴ	シート	空間網
ハラフシグモ科	++	+				++				
ホンジョウゴグモ科	+		+					++	++	+
ジョウゴグモ科							+	++	++	
イボナガジョウゴグモ科								++	++	
カネコトタテグモ科	++		++	+						
ジグモ科					++					
オオツチグモ科			++					+	+	
トタテグモ科	++		+	+	+	++		+		
アゴマルトタテグモ科	++	+		+				+		
ヤノテグモ科		+								
ヒラアゴツチグモ科		++	+			+		+		

グをします．このクモも地中に巣穴を掘っていますが，巣穴を裏打ちしている糸の袋が地上部に伸びており，石や樹木の根元などの垂直面に土をまとってざらざらした感じの管状住居を貼りつけています．子どもの頃に，これを引き抜いて遊んだ人もいると思いますが，袋は意外に破れやすく，もろい感じがしたのではないでしょうか．いかにそれを壊さずにクモごと取り出すか，そこに遊び心が刺激されたように思いだします．これも大瓶状腺糸がないからです．

　地中の巣穴にすむ種のなかには，蓋の周りに細長い植物片を糸で綴ったり，あるいは蓋から糸を放射状に延ばしたりするものもいます．これらは，餌となる可能性のある虫が巣口の近くに寄ってきたことを巣穴の中にいるクモに知らせる餌センサーの役割を果たしています．

　単なる餌センサーよりも，もう少し手の込んだ網をつくるものもいます．日本でも南西諸島に生息するジョウゴグモの仲間は，地中や石の下に管状の住居をつくり，その入口の周辺に薄膜のような網を設けます．これらはジョウゴ網とかシート網と呼ばれる形状のものですが，地上や石，植物の上などしっかりした基質から独立できるほど，頑丈な網とは言えません．それでもクモが網をつくるのは，管状住居にいるクモに虫がやってきたことを知らせ，さらに網が虫を歩きにくくし，捕まえるのに役立つからなのでしょう．さらに，そのような網を張るトタテグモ下目のクモのなかには，もっと立派な餌捕獲用の網を張るものもでてきました．アメリカ大陸に分布するジョウゴグモの仲間（*Euagrus*）は，大きなものになると，管状の住居から網が周囲に広がり，網自体も地面から数センチ持ち上がっています．それらの網にかかる餌はもっぱら甲虫やアリなど地表徘徊性のものですが，網のおかげで地面からほんのわずか離陸したと言えます．タランチュラと呼ばれるオオツチグモ科のクモのなかには巣穴から離れて，歩き回り，植物の上に登るものも出てきました．

　ブルネッタさんとクレイグさんがあげている第3の進化的革新は，大瓶状腺糸の発明です．これは，クモが植物上に登り，環境を立体的に利用できるようになったことと関係しています．第4の進化的革新

は，実はすでに述べているのですが，円網をもつクモが発明した，驚異の伸縮性をもった鞭状腺糸とそれに粘着性を与える集合腺糸です．そして，第5番目は，進化的革新と言ってよいのかどうかわかりませんが，円網を放棄することでした．以下，それぞれの「発明」について，節を改めて述べることにしましょう．

1-4　クモ，木に登る

　ボルネオのランビル山国立公園には，高さ80mもある巨大な林冠クレーンや，高木と高木の間をつり橋でつないで行き来することのできるウォークウェイがあります．これらは，陸上生態系のなかで最も生物多様性が高いにもかかわらず，人間にとって未踏の地であった熱帯雨林の林冠で生態調査をするために設けられたものです．林冠部に生息するアリグモの調査をするため，私はときどきここでクレーンからつり下げられたゴンドラやウォークウェイから身をのり出して虫捕り網を振っています．もちろん万一のために登山用のハーネスを身につけ，たえずハーネスから伸びたロープの先のカラビナでゴンドラやつり橋のワイヤーを確保しているのですが，それでも地上30〜40mで作業をしている間，平常心を保つのは，容易なことではありません．足を踏み外して落ちたら，私の骨格は加速度のついた私の体重を支えきれるはずもありません．そんな考えを振り払いながら，林冠部の葉から虫をたたき落とすようにして網を振ると，甲虫，ハエ，ハチ，アリ，カメムシの仲間などさまざまな昆虫とともに，たくさんのクモが捕れます．そのなかには，造網性のクモとともに，網を張らない徘徊性のクモがたくさん含まれています．クモが植物上で重要な昆虫の捕食者となっていることを，まさに実感できる瞬間です．

　植物が光をめぐる競争を繰り広げ，どんどん背を高くするように進化していった結果，動物たちにとって地上から高く離れた環境が用意されました．樹上にいる虫にとって，高い植物の上はどんな場所でしょうか．葉の上や枝先は，風が吹けば大きく揺れて不安定で，捕食者

と出会ったときにはあまり逃げ場がありません．翅のある昆虫は，いざとなれば飛べばいいのですから，高い植物の上もあまり問題はないかもしれません．しかし，翅のない虫は，風に吹き飛ばされたり，捕食者から逃げようとして落下したりするリスクがあります．それでも，クモをはじめ，アリ，カメムシやヨコバイの若虫など，多くの翅のない虫が植物上で採集されます．これらの虫は小さくて軽いので地上に落ちても，私と違って荷重でつぶれたりすることはないでしょう．しかし，植物上で生活していた虫にとって，地上にまで落ちてしまうことはほとんど致命的なことではないでしょうか．地上で待ちかまえている捕食者に狙われるかもしれませんし，何より必要な資源のある植物の上まで再び戻るのは至難のことでしょう．

　最近アメリカのアリ研究者が，面白い発見をしました．熱帯雨林の樹上性のナベブタアリの一種（*Cephalotes atratus*）は，木から落下しても，木の幹にたどり着けるよう，ちゃんと方向を見定めながら滑空するというのです．彼らは 30 m 近い高さから 1 匹ずつアリを落として，その行き先を目で追いかけました．その結果，落下実験を行ったアリの 85％ が樹の幹に着陸したそうです．一方，アリの目にエナメルを塗ってから落とした場合，樹幹にたどり着けたのはわずか 10％ でした．つまり，アリは視覚的に定位しながら微妙な体の制動によって，樹の幹にたどり着いているのです．別の実験で，腹部や脚を切除したアリを落としたときの滑空成功率（樹幹に着陸できた割合）を調べると，後脚を切除したときに最も成功率が低下し，後脚が大事であることがわかりました．アリがこのような技を発達させるくらいに，高所環境は翅のない虫にとって危険だということなのかもしれません．

　もっとも，地上に巣をもち，採餌のために木に登るアリでは，木から落下してさっさと巣に戻ることもあるようです．スウェーデンの森にすむヤマアリの一種（*Formica aquilonoa*）は樹上からぱらぱらと降ってくるので，この現象は「アリ雨」（ant rain）と呼ばれています．ひょっとすると，アリは木からの下降術として積極的にスカイダイビングをしているのかもしれません．とは言え，ふだんはそれほどでもな

く，捕食者である鳥が木にやってくると，アリ雨が増えることを研究者が明らかにしました．やはり，木から落ちることにはコストがあるのでしょう．

　こうしてみると，翅もないのに高い木へ進出するのは，それなりにたいへんなことのようです．例えば，くだんのアリグモは網を張らない徘徊性で，葉の上を歩いているときに，アリそっくりの擬態をしています．その擬態の冴えは，誰よりもたくさんのアリを見てきたアリの専門研究者でさえ——加齢と酷使による目の衰えが多少はあるとしても——うっかりだまされてしまうほどで，特に動きを伴っているときには効果的なようです．しかし，アリグモが足を踏み外したとしても，アリのように滑空するところまでは擬態できないでしょう．そういう場合は，アリグモは糸でぶら下がってしまいます．とたんに，正体がクモであることがばれてしまうわけですが，それはそれでかまわないのでしょう．

　造網性のクモも徘徊性のクモも，クモは歩きながら，たえず糸を引いて，それを葉の表面などの基質に固定させています．ちょうど，ロッククライマーがハーネスと固定したザイルを，岸壁の要所要所に打ち込んだハーケンにカラビナで確保して落下を防止する命綱のようなものです．クモが植物体の上に生活圏を広げられたのは，1つには，大瓶状腺でつくられる，強い引き糸を出すことができるようになったからでしょう．引き糸をザイルとすると，それを固定するハーケンとカラビナの役割を果たしているのは，ナシ状腺でつくられる付着盤です．クロゴケグモ（*Latrodectus hesperus*）のナシ状腺の糸タンパクを研究したブラシンガムさんたちは，この糸を「スパイダーマンの強力接着糸」と呼ぶのがふさわしかろうと言っています．映画のスパイダーマンは，垂直な壁だろうと天井だろうと手足で張りつくことができますが，そのような接着剤の機能をもつ糸という意味なのでしょう．

　ところで，やや倒錯した言い方になりますが，動物はどうやってスパイダーマンのように平滑な壁や天井を歩くことができるのでしょうか．基質と接触してくっついている足裏（脚先）の部分——接着パッド

には，ねばねばした液が出る，微小な吸引が生じる，静電気が発生するなど，特殊な仕組みがあるという仮説が次々に出されては否定されていきました．最近では，動物は大別して 2 つの方法を採用していると考えられています．1 つは，乾式接着パッドとでもいうのでしょうか，有名になったヤモリの足の裏が代表例です．ヤモリの足裏には枝分かれした微細な毛が何百万本と生えており，毛の先端が基質と密着することでファン・デル・ワールス力が生じ，それによってヤモリは天井でも壁でもくっつくことができます．このナノ構造を応用した新しい接着素材が盛んに研究開発されており，実用化も近いかもしれません．それに対して，もう 1 つは湿式です．濡れたものがくっつくのは日常でも体験することですが，接着パッドから液体をにじみ出すことで毛管現象が生じ，接着力を高めていると考えられています．多くの昆虫やカエルなどがこの方法をとっているとされています．さて，クモはというと，ヤモリと同じ乾式であると考えられてきましたが，生物のナノ構造などを素材開発に応用しようとするバイオミメティクス的な関心からも研究が進み，意外なことがわかってきました．

その 1 つが，タランチュラは脚先の跗節から「糸」を出しているという発見です．タランチュラの大きな種では体長 10 cm，体重 50 g を超えるものもあります．多くは地中に穴を掘って生活していますが，前節で述べたように，樹上性の種も少なくありません．したがって，私ほどではありませんがクモとしてはとても重く，私と同じようにデリケートなので，木の上から落ちると致命的なけがを負う可能性があります．もちろんタランチュラも引き糸を出して命綱で確保はしているのですが，その引き糸はそれほど強くはありません．ゴーブさんたちはタランチュラの一種 (*Aphonopelma seemanni*) にガラス面を歩かせて，その足跡を仔細に観察したところ，歩脚の先から糸状の物質を出しているのを見つけました．

クモが腹部にある糸疣以外から「糸」を出している例は，ヤマシログモ (*Scytodes*) でも知られています．このクモの仲間は網を張らず，餌に向かって，口にある鋏角腺から粘着性のある「糸」を発射して餌

を捕まえています．これを糸とみなすかどうかは定義の問題ですが（Box 0-1），タランチュラの脚先から出ているのは少なくとも形状的には糸であり，脚から糸を出しているという報告はクモでは初めてでした．その後，この発見は疑問視され，論争まで引き起こしましたが，最近になって，実際に歩脚の先にある微小な毛のような出糸管から細い糸が出ていることが別のタランチュラの種で確認されました．

　もう1つの発見は，糸ではありませんが，クモはどうやら接着パッドから液体も出しているらしいのです．この発見をしたピーティーさんたちは，タランチュラが乾式と湿式の接着パッドの中間型をもつのではないかと考えているようです．クモがどのようにしてスパイダーマンよろしく垂直面や天井面を動き回ることができるのか，また脚先から出ている糸が何の役に立っているのかは，これからの研究によって明らかになっていくでしょう．翅も頑丈な体もないクモが植物に上がることができたのは，糸や接着パッドなどのおかげだと思われますが，このような理解が進むことで，クモが捕食者として植物上でどのようなニッチを開拓することができたかのか，できなかったのかを考えることができるようになるでしょう．

1-5　クモの巣の小径をたどる
　　　── 2つの円網をめぐる迷路

　私はいま阪神間の都市近郊の山で学生たちといっしょに調査をしています．山道に入ると，学生たちはわざとかどうか，歩調が鈍るので，いつの間にか私が先頭を歩いています．すると，十分に気をつけてはいても，1回の調査で4〜5回はクモの巣に引っ掛かります．私は露払いならぬクモの巣払いの役をしていることになります．「クモの巣」と書きましたが，私がしばしば顔で受けとめているのは，正確にはほとんどがジョロウグモ（*Nephila clavata*）の円網です．それにしても，どうして我々がクモの円網に引っ掛かる，などということが起こるのでしょうか．クモの円網は，飛んでいる昆虫を捕まえるためのも

のです．我々人間が網を破ってしまうのは，クモにとってもたいへん不都合なはずですが，不幸にもこのようなことが起こるのには，いくつかの背景があります．それを説明することは，クモの糸や網の性質を理解するのに役立つでしょう．

　まず，1番目に，人間も多いですが，クモはたくさんいます．どのくらい多いのかという問いには簡単に答えられませんが，ブリストウさんの古い記録には，イギリスの放棄耕作地のようなところに1エーカーあたり200万匹以上のクモがいたとあります．$1\,m^2$に換算すると，何と500個体弱です．2番目に，円網の横糸がとんでもなく伸びやすく，しかも粘着性のある物質でコーティングされているということです．顔にべったり貼りついたときの感触は何とも言えません．

　顔にクモの網がつく3番目の理由は，山道がジョロウグモに網を張るためのよい空間を与えているということがあります．春，ジョロウグモの子グモは，枯枝などに小さな円網を張っていますが，夏になると成長して長径30cmくらいの大きな網を張るようになります．それに伴って，網を張る場所も木と木の間などの開けた空間に変わっていきます．両側に木が茂り，真ん中は人が通るために開けている山道は，ジョロウグモが網を張って飛んでいる虫を捕まえるのに格好の空間を提供しているのです．

　4番目に，円網は見えにくいという性質をもっています．目の前にあることに気がついていたら，私だってそれを避けていたはずですが，注意していたにもかかわらず，気づかないで突っ込んでしまったのです．ジョロウグモは，その糸が日光に当たると金色に輝いて見えるので，英語では"golden web spider"と言われるくらいですが，日陰にある網はずっと目立たなくなります．円網のデザインの進化には，いかにうまく虫が網に当たるようにするかと，いかにあたった虫を逃がさないようにするかという適応上の問題があります．日中にも網をもっているクモでは，飛んでいる昆虫に察知されにくい網をつくることが重要だったと考えられます．昆虫と人間の視覚はかなり異なっていますが，円網は人間の目にも見えにくくなっているのでしょう．

ついでに言えば，いつも私がジョロウグモの網に引っ掛かることになるのは，この山道にあまり人が入っていないということを示しています．近隣のハイカーの多い山に行くと，ジョロウグモはやはり高密度にいるのですが，頭の上より高い位置など，ほとんどのクモはあまり心配のない場所に網を張っていました．私以外の誰かが犠牲になっているということでもなさそうです．なぜこのようなことになるかというと，人間に網を破壊されたクモは多くの場合その場所から移動するでしょう．しかし，場所移動がランダムに起きたり，あるいは移動先として再び山道を選ぶことが少々多かったりしても，ジョロウグモは一度網を張るとそこに定着する傾向があるため，やがてクモの網は人間に破壊されにくい配置にシフトしていくはずです．そうなってもらうには，どれくらいの頻度で山に入ればいいのかわかりませんが，残念ながら私たちの調査頻度ではまだ足りないらしく，私は毎回クモの網に絡まっています．

このような円網をつくることができたのは，クモが強い大瓶状腺糸のおかげで空中に網をぶら下げられたことに加えて，超伸長性のある鞭状腺糸と超粘着性のある集合腺糸からできた，円網特有の横糸を発明したからです．この第4の進化的革新はいつ頃起きたのでしょうか．ごく最近，中国内モンゴルの道虎溝（Daohuguo）のジュラ紀中期の地層から，ジュラジョロウグモ（*Nephila jurassica*）の化石が発見されました．この発見によって，ジョロウグモのいちばん古い化石は一気に3500万年もさかのぼり，1億6500万年前にすでに円網を張っていたことになります（図1-2）．恐竜たちもジョロウグモの網に迷惑していたのかもしれません．そう思うと，例えクモの網が顔に貼りついたとしても，ジョロウグモが生き延びてきた長い歴史に敬意を払って少しは許してやろうという気になるのは，私だけでしょうか．

さて，クモが餌を捕らえるために張る網のタイプにはいろいろありますが，そのなかでもジョロウグモが張るような円網は特別な扱いを受けてきました．それは，一介のムシ——というのも変ですが——がつくり上げる「建築物（アーキテクチャー）」としては，類を見ないくらい均整がとれてい

て，洗練されているように見えるからでしょう．世の名だたる博物学者は円網について何らかの言葉を残しています．例えば，アリストテレスは『動物誌』のなかで円網を張るクモのことを「最も賢くて器用」と表現しています．ファーブルはシジュウカラのそれなりによくできた巣でも，コガネグモの円網と比べると「野蛮人の掘立て小屋」だと酷評し，クモの「美しい球形，一分一厘の狂いもない曲線の気球形には及ばない」と言っています．

　これほど円網は印象的なので，クモの分類学の草創期に「円網を張るクモ」というカテゴリーがつくられたとしても，不思議ではありません．円網は，すでに述べたように，4種類もの糸腺から出る糸を用い，高度にステレオタイプ化した複雑な行動によってつくられます．そのようなクモをひとまとめにして「円網グモ類（Orbiculariae）」という分類カテゴリーがつくられたのは1802年でした．しかし，その後クモの形態学的，解剖学的知見が増すと，クモのなかに「篩板」というタイプの糸疣をもつものと，もたないものという違いがあることがわかりました．19世紀後半には，この違いに基づいて「篩板類」と「無篩板類」という分類群が定着しました．

　ただし，篩板類にも，無篩板類にも，いろいろなタイプの網を張る種が含まれており，興味深いことに，篩板類にはメダマグモ上科に属するウズグモ科，無篩板類にはコガネグモ上科に属するコガネグモ科やアシナガグモ科などの円網を張るクモがいました．前者の円網が水平方向に張られ，後者の円網が主に垂直方向に張られるという違いはありますが，後者のなかにもアシナガグモ科のように水平円網を張るものもあるし，構造の基本は同じです．しかし，形態という，いつでも実物標本で確かめられる証拠に重きをおく，当時としてはもっともな主流派分類学は，篩板の有無が，円網をつくるかどうかよりも根本的な違いであると考えるようになりました．つまり，まず篩板類と無篩板類の2つがあり，それぞれの系統において，同じような選択圧のもとで円網が収斂的に進化したというわけです．この見方を広めるのに貢献したクルマンさんは，1972年に円網が「いかに，最も効率

よく，かつ経済的に飛ぶ虫を捕獲するための糸を配置するか」という問題に対する「技術的に最良の解」であると述べています．もしそうなら，出発点が違っても同じところへ必然的にたどり着いた（収斂した）ということになり，自然選択のパワーを示す進化の例をまた1つ加えることができます．つまり，円網が収斂進化の見事な例とみなされるようになった理由は，大別すると2つあり，1つは，篩板類と無篩板類の出す糸の性質が全く違っていて，篩板類の円網から無篩板類の円網へ移行することが考えにくいこと，もう1つは，円網はいわば進化の頂点をきわめていて，「最良の解」と考えられたために，それより出来が悪そうな解答があとから出てくるとは思えない，ということです．順に説明しましょう．

　篩板には，数千もの微細な出糸管がびっしりと並んでいます．この出糸管から篩板糸腺でつくられた，直径約 $0.01\,\mu m$，他の糸腺の糸に比べて 500 分の 1 程度の微細な繊維が紡がれます．クモは，餌捕獲用の接着糸を紡ぐ際に，この極細の繊維を後脚にある櫛のような毛で梳きとり，偽鞭状腺から出した軸糸の表面に，パフと呼ばれる多数の微細繊維の塊として付着させます．これが篩板をもつクモの円網（梳糸性円網と呼ばれています）に見られる餌捕獲のための横糸に用いられます．

　虫は梳糸性捕獲糸にどうしてくっつくのでしょうか．我々は日常的に接着剤を使っていますが，接着剤によってどうしてモノがくっつくのかを説明するのはなかなか難しいことです．梳糸性捕獲糸の接着メカニズムを研究したホーソーンさんとオペルさんによると，3種類の仕組みがあると言います．1つは，昆虫の体に生えている毛などが微細繊維に絡まることによるというものです．昆虫の体がつるつるしている場合には，この効果はあまり期待できません．しかし，実際には捕獲糸は滑らかな表面のものにもくっつくので，2つめの接着メカニズムとして，分子間に働くファン・デル・ワールス力が考えられています．3番目は糸が空気中の水分を吸収し，糸と接触面との間に毛管現象が起こり，接着するというものです．紙はふつうガラス面にくっつきませんが，水で濡らすとぴったり貼りつくのと同じ原理です．水

分吸収を促進しているのは，ウズグモ（*Uloborus*）の微細繊維に見られる小さな節のような部分だと考えられています．彼らは，微細繊維にそのような節をもたないエボシグモ（*Hypochilus*）の糸では，実験的に湿度条件を変えても，接着力の強さは変わらないこと，一方，微細繊維に節をもつウズグモの糸では，低湿度条件よりも高湿度条件で接着力が高いことを示しました．

　もう一方のコガネグモ科の捕獲糸にコーティングされている粘着物質は，糖タンパクの一種だとされています．例えて言えば，ヤマイモのねばねばのようなものでしょうか．これらの円網は，粘球性円網と呼ばれます．日常感覚のレベルでは，虫がくっつくことはよく理解できます．このように，梳糸性円網と粘球性円網では，それらの捕獲糸をつくり出す器官も，接着メカニズムも全く異なっています．そこで，両者は系統的に遠いグループだと考えられたわけです．

　さて，円網収斂進化説を補強したもう1つの理由には，コガネグモ上科に属している「非円網性」のクモの存在が関係します．コガネグモ上科には，コガネグモ科，アシナガグモ科，カラカラグモ科，ヨリメグモ科など円網を張るグループのほかに，サラグモ科やヒメグモ科など円網を張らないグループがあります．サラグモの仲間は，裏返しになった皿を上下から糸で支えた構造になった皿網を張ります．ヒメグモの仲間は，種によっていろいろな網を張りますが，何本もの糸が一見無秩序に配置された不規則網が代表的な網です．円網が基本的に2次元（平面）構造であるのに対し，これらの網は3次元（立体）構造をもっています．

　円網を張るクモのなかには，円網の基本要素をあるルールに従って変形させた網をもつものがいます．例えば，オーストラリアのテラプロセラ（*Telaprocera*）というコガネグモ科のクモは，縦糸が集まる網の中心部「こしき」（図1-6）から上下方向数本の縦糸が長くなり，そのぶん横糸の数も増えた，はしご網と呼ばれる非常に細長い円網を張っています．はしご網を張るクモは，そのほかにも，こしきの上方に伸びた網を張るもの，下方に伸びた網を張るものが知られており，ガの仲

間を捕らえるために適応したタイプ（伸長した網の部分で体の鱗粉が剥がれ，網に捕まりやすくなる）と，樹幹の表面という細長い空間をうまく使って網を張るように適応したタイプの2つがあると考えられています．また，キレ網を張るアオオニグモ（*Araneus pentagrammicus*）や水平三角網を張るツキジグモ（*Pasilobus*），さらにとうとう網を張らなくなったイセキグモ（*Ordgarius*）やナゲナワグモ（*Mastophora*）もいます．これらは，いずれも基本要素を減らしてはいるものの，円網の変形であることは了解できます．

　円網の基本構造は，その要素の増減によって大きなバリエーションを可能にしており，その豊富なバリエーションのおかげで，ふつうの円網が苦手とする餌や空間を利用するような特殊化も可能になっていると言えるかもしれません．その意味では円網は融通に富んだ優れものです．しかし，もし円網がコガネグモ上科のなかで独立に生じたのではない，言い換えれば，コガネグモ上科の祖先がすでに円網を張っていたとすると，先に述べたサラグモやヒメグモの祖先もかつては円網を張っており，進化の過程で円網を捨てて，今見るような網をもつようになったということになります．はたしてそのようなことが起こったのでしょうか．円網が最良の解であるなら，そこまでの逸脱が起きるでしょうか．いや，それは考えにくい，コガネグモの「規則正しい」網からサラグモやヒメグモのような「不規則」な網が進化するとは思えない——とすれば，一種の背理法によって，円網は2度進化したという結論に帰着します．

1-6　逸脱への道

　この結論は，今では覆され，円網はウズグモ科とコガネグモ科の共通の祖先で1度だけ進化したと考えられています．「円網グモ類」をめぐる系統分類学の進展は，ささやかな科学革命の1つのように思えます．円網を張るクモとして十把一絡げにされた「円網グモ類」から，独立に円網を収斂進化させた2つの系統群，そして科学的な根拠をも

った「円網グモ類」への回帰というふうに，我々の円網についての認識はらせんを描いて進んできました．

　円網単一起源説が決定的になったのは，クモの糸タンパク質遺伝子の配列が研究されたことによっています．コガネグモ上科の糸タンパク質遺伝子については，よく研究されていますが，メダマグモ上科では研究されていませんでした．そこで，ガーブさんたちはメダマグモ科のメダマグモ（*Deinopis spinosa*）とウズグモ科のウズグモの一種（*Uloborus diversus*）の糸タンパク質遺伝子を調べて，コガネグモ上科のそれらと比較したのです．メダマグモは，投網を使うクモとして有名で，前の4本の脚の間に網を取り付けます．そして，餌となる虫が近くにくるのをじっと待ち，いざ近づいたら一気に網をかぶせて捕まえるのです．餌が近づくのを見届けるための，前方を向いた2つの大きな目玉をもっていることから，メダマグモと呼ばれています．脚の間に広げられる網は，長方形ですが，縦糸のような糸の間に何本かの篩板糸が平行に張りめぐらされており，円網の一部のようにも見えます．

　彼らの分析の結果，メダマグモ上科は，コガネグモ上科が円網を張るときに用いる糸のタンパク質遺伝子をひとそろいもっていることがわかりました．すなわち，コガネグモ上科が枠糸や縦糸に使う大瓶状腺タンパク質 MaSp1 と MaSp2，同じく足場糸に使う小瓶状腺タンパク質の MiSp1，さらに横糸の軸糸に使う鞭状腺タンパク質の Flag と相同な遺伝子がメダマグモやウズグモの DNA に認められたのです．今までの知見からすると，これらのうち MaSp2 と Flag はコガネグモ上科だけから知られており，メダマグモ上科のクモがこれらのスピドロインをもつという発見は，円網グモ類の単系統性を裏づける強力な分子レベルの証拠となります．ウズグモ科の円網の横糸の軸糸は偽鞭状腺でつくられますが，遺伝子レベルでは鞭状腺の糸タンパク質の遺伝子と相同であることになります．

　円網グモ類の単系統性を受け入れると，いろいろな問題が浮かび上がってきます．その1つは，篩板をもつクモが系統上であちこちに存在することです．それは，篩板の「発明」がかつて革新的であったた

めに多くの枝分かれした系統に受け継がれたものの，そのコストがあまりに高くつくことで，やがてあちこちで捨てられたり，新しい発明に取って代わられたりした結果のようです．まるで，蒸気機関車が導入された当時の狭軌鉄道が，動力車が電車に置き換わったあとでも，地域によっては狭軌のままであったり，広軌に置き換わったり，入り乱れているさまを思い出させます．また，円網グモ類が分化していくなかで，櫛糸性円網から粘球性円網への変化が具体的にどのようにして起こったのか，どのようなステップで起こりえたのかも気になるところです．

　さらに大きな問題は，コガネグモ上科のヒメグモ科やサラグモ科などがなぜ「最良の解」とまで思われた円網を捨てて，一見無秩序とさえ見える不規則立体網やそれほど印象的ではない皿網を進化させたのか，です．それらの種数を見れば，円網を張るクモの種数に決してひけをとらないことがわかります（図 1-2）．円網を捨てること，あるいはこれらの3次元網をもつことには，何か大きな有利さがあったと考えなければ，これらのグループの繁栄が説明できません．

　「一見無秩序」と言いましたが，これら「非円網性円網グモ」の網ははたしてほんとうに無秩序なのでしょうか．エバーハードさんたちは，長年にわたる野外研究と文献に基づいて，ヒメグモ科の数多くの種と近縁のヤセヒメグモ科のいくつかの種について，網の形質を最近の系統学の知見と突き合わせています．その論文のタイトルにも「秩序から生じた混沌」とあるように，ヒメグモ類の網にはある意味でとりとめのない多様性があります．ヤセヒメグモ科の「長方形網」は，見事な秩序を見せています（図 1-9）．それは円網と同じように，枠糸によって区切られた平面のなかに粘着糸が張られており，整然とした網構造はかつて円網を張っていた祖先の片鱗をうかがわせるようでもありますが，実際に相同性があるのかどうかはわかりません．その造網の順序は，最初に非粘着性の縦糸を全て張ってから粘着性の横糸を連続的に張っていくコガネグモ科のそれと違って，縦方向の粘着糸とそれを支える非粘着性の横糸が交互に張られていきます．ヒメグモ科

のなかでも，ゴケグモ（*Latrodectus*）のようにいわゆる垂下糸網を張るものもあれば，コガネヒメグモ（*Chrysso*）の仲間のようにあやとりのようなメッシュの網を張るもの，ヒメグモ属（*Theridion*）のようにカゴ網と呼ばれる立体的な網を張るもの，ヒシガタグモ（*Episinus*）のようにX字形網をもつものなど，その網の形状はまとめきれない多様さを示します（図1-10）．

そして，何より驚いたことに，エバーハードさんたちの研究結果によれば，網の形質の分布はヒメグモ科内の系統とあまり対応せず，同じ系統群のなかでも多様な形質が見られる一方で，異なる系統群で形質の収斂が見られるというのです．この「混沌」とした多様性は，いったい何を意味しているのでしょうか．ヒメグモ類の系統推定が正し

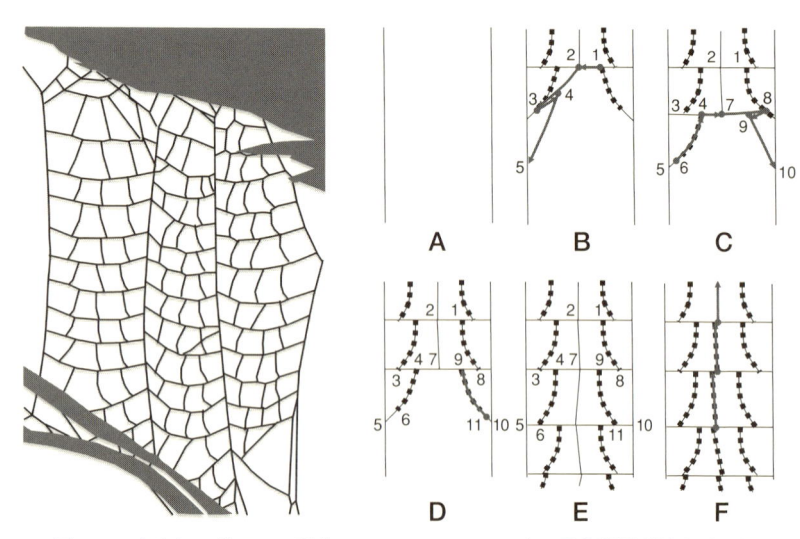

図1-9 ヤセヒメグモの一種（*Synotaxus turbinatus*）の長方形網（左）とその網の張り方（右）　A．クモは2本の垂直な非粘着糸（枠糸）を張る．B．非粘着糸を1に付け，2まで伸ばしてから，すでに張られている粘着糸の3に付けたあと，少し後戻りして4に固定．反転して枠糸の5に付ける．C．再び反転して6の位置で張ったばかりの糸を切り，粘着糸に張り替えて4に戻る．次に非粘着糸を同じ手順で7, 8, 9, 10と張る．D．張った非粘着糸を11の位置で切り，粘着糸に張り替える．E．枠糸間のスペースが埋まるまで同じ手順を続ける．F．最後に中央の糸に沿ってゆっくり上がりながら粘着糸に張り替える．Eberhard 1977を改変．

1-6 逸脱への道   37

いのだとすれば，このような進化的可塑性がどのようにしてもたらされたのでしょうか．エバーハードさんたちは，ヒメグモ類の造網行動をレンガに例えています．同じレンガを使っても，レンガをどう組み上げるかで完成する建築物の外観はそれこそ多様です．実は，ヒメグモ類の造網行動も基本パターンにはそれほどの多様性はないものの，それをいかに組み合わせるかで多くの網パターンが生じるのかもしれない，というわけです．

　利己的遺伝子で有名なドーキンスさんは，「延長された表現型」という概念を発案したことでも有名です．遺伝子が「自分」のコピーを次

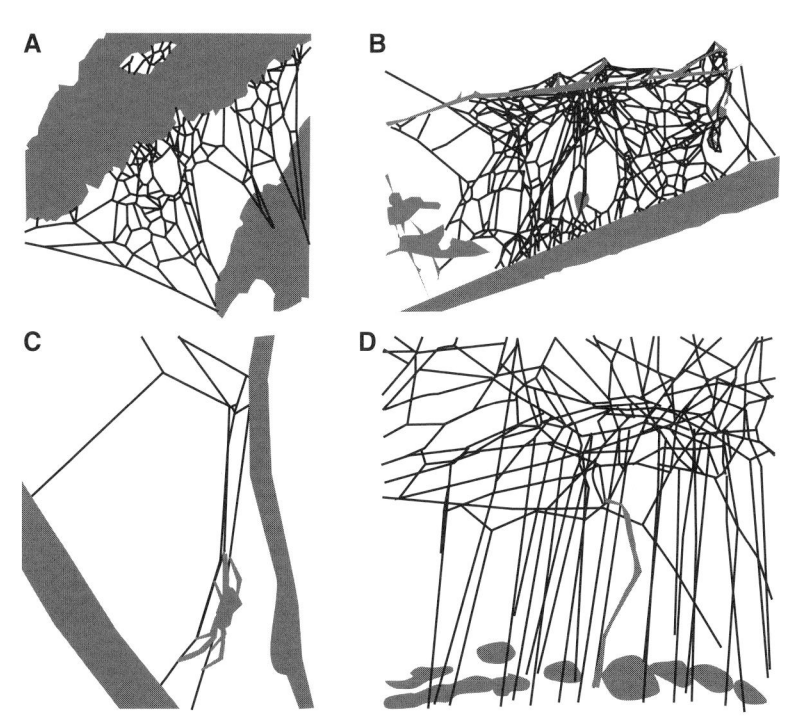

図1-10　ヒメグモ科のさまざまな網　　A．コガネヒメグモの一種 (*Chrysso volcanensis*) の網．B．ヒメグモの一種 (*Theridion hispidum*) の網．C．ヒシガタグモの一種 (*Espinus cognatus*) の網．D．ゴケグモの一種 (*Latrodectus geometricus*) の網．Eberhard et al. 2008 を改変．

世代に受け渡すのに都合よく働く表現型発現は，その遺伝子が「居座っている」生物の体に限定されず，体の外にまで及ぶこともあるというのが，その考えです．タンパク質でできたクモの網は，「延長された表現型」という言い方に従えば，ささいな延長にすぎません．でき上がったクモの網はクモの行動パターンを反映しています．それは，体の器官が細胞の分裂と分化によってでき上がるのと，ある意味では同じです．でき上がった体の器官を見てそれがどのような発生過程を経て形成されるのかは，なかなか想像がつきません．実は，クモの網を見てそれがどのような行動を経てつくられたかは，わかるようでいて，わかりません．それは，ヤセヒメグモの網のつくり方からもうかがえるでしょう（図1-10）．ヒメグモ類の網の多様性を理解するには，丹念な行動観察を積み上げることが大事なのです．

　とは言うものの，クモの網づくりを少しでも観察したことのある人なら，それが言うほどに簡単ではないことがわかるでしょう．まず，網づくりは往々にして夜の闇の中で行われます．明るい状態では正常に行動してくれません．また，円網であればクモの動きはまだしも平面的ですが，ヒメグモ類やサラグモ類ではクモの動きは3次元的で，把握は容易ではありません．さらに，円網づくりはせいぜい数時間で終わりますが，これらのクモの網づくりは数日かかることもあります．そして，ひょっとするとこれが観察にとっていちばんの大敵かもしれませんが，円網づくりのようにクモのドラマチックな動きが期待できず，退屈そうなのです．このような難点のせいでほとんど研究されていなかったのですが，ベンジャミンさんとチョッケさんはヒメグモ科のカガリグモの一種（*Steatoda trianglosa*）の造網行動の研究にチャレンジしました．彼らはクモの行動を阻害しないように赤外線を使い，上と横からそれぞれカメラを設置して3次元でクモの動きを把握できるようにしました．このクモは，休み場所をもち，そこから放射状に延びた何本もの糸からでき上がった支持構造と，垂直な粘着糸（垂下糸）からなる垂下糸網を張ります．

　さて，この定量的な研究の結果，クモは支持構造づくりと垂下糸づ

くりを交互に行い，3, 4日にわたって網の拡張作業を繰り返すことがわかりました．彼らはサラグモの仲間（*Linyphia*）でも同じような装置を用いて造網行動を研究していますが，やはり支持構造づくりと粘着糸づくりを交互に行っていました．どちらの研究でも，クモの行動パターンは網の構造部分と機能的な部分（粘着糸）の形成を交互に行い，何日かけて徐々にその場に合わせて網を完成させていくというものでした．複雑な行動連鎖のプログラムが展開されていくにつれて，しだいに隠された計画が明るみになるかのような円網づくりに比べると，いささか物足りないと感じるのは，おそらく人間の主観的なものなのかもしれません．

　それにしてもこれらのクモが円網を捨てて3次元網をもつことには，どのような有利さがあったのでしょうか．2D網から3D網にいたる道を後押ししたのは，クモの大敵であるカリバチではないかとする説があります．円網を張るクモが網にいる場合，通常は腹側に網があり，そちら側から襲ってくる捕食者に対しては網そのものがディフェンス効果をもつかもしれませんが，背側は無防備に曝されています．どちらにしても，網が平面的なので捕食者はクモに定位し，接近しやすいでしょう．それに対して，立体的な網では，捕食者がクモに接近するにはどうしてもかなりな危険を冒さなければならないでしょう．ブラックリッジさんたちは，コガネグモ上科の立体的な網がこれらのカリバチに対する対捕食者防衛として役立っているのではないかという仮説を取り上げています．クモを狩るハチには，ジガバチモドキ（*Trypoxylon*）やキゴシジガバチ（*Sceliphron*）などのアナバチ類がいます．これらのハチは細い既存の穴を利用した巣や泥でつくった巣に，狩猟したクモを運び込み，幼虫の餌にします．小型のクモを餌にするため，1匹のハチの幼虫が育つには相当数のクモが犠牲になります．

　したがって，これらのハチはクモの大敵となっていると考えられますが，どうすれば仮説を検証できるのでしょうか．彼らは，今までナチュラリストや研究者が蓄積してきた膨大なカリバチの巣の報告に含まれる餌としてのクモの記録を集めて，野外環境におけるクモの個体

数データと比較するという，力技の検証を行っています．その結果は，野外環境の中では円網グモ類のうち円網を張らないヒメグモ類やサラグモ類の個体数の割合は約 81％であったのに対して，アナバチ類の餌として狩られているそれらのクモの割合は 17％にすぎませんでした．この違いは，仮説を支持するものだと彼らは主張しています．

　カリバチのなかには，ベッコウバチ（クモバチ）というクモ狩りスペシャリストもいます．これらのなかには，コガネグモ科のクモを狩るスペシャリストは存在していますが，確かにヒメグモ科やサラグモ科のクモを狩るハチは多くありません．しかし，ベッコウバチはアナバチと違って 1 匹の幼虫が 1 匹のクモで育つため，相対的に大きなクモを狩る傾向にあります．この大型サイズを好む傾向は，コガネグモ上科のなかでのクモの体の大きさの違いと結びついてしまう可能性があります．コガネグモ科やアシナガグモ科など円網を張るクモは平均的に体が大きく，ヒメグモ科やサラグモ科のクモはそれよりも小さい傾向にあります．それについては，クレイグさんがかつて網の構造と生息場所，繁殖戦略を絡めた複雑な理論を提唱したことがありますが，それはともかくとして，ベッコウバチではこのサイズの問題のせいであまりヒメグモ科やサラグモ科のクモを狩らないのかもしれません．アナバチはこの餌サイズによる制約を被らないことが，ブラックリッジさんたちがカリバチのなかでもベッコウバチをさしおいて，アナバチを 3D 化の「主犯」に推定した理由の 1 つになっています．

　円網を捨てた理由は何だったのか，それはこれからも問われていくでしょう．クモの糸をめぐる進化的革新の 5 番目は円網を捨てるという，意外なことでした．もしこれを「発明」というのなら，何を発明したことになるかがまだよく理解されていないという意味で，意外なのです．クモの歴史を見れば，糸への依存度を高め，網をつくるという方向のほかに，網を捨ててできるだけ身軽に動き回るというのも大きな方向でした（図 1-2）．多様性を理解するには，それこそ 1 本のラインではなく何本もの補助線が必要なのでしょう．

2
ダニと糸

(齋藤 裕)

2-1 ダニの糸

　ダニというと，一般には人間の外部寄生虫で嫌われ者というイメージしかないようですが，実は植物を食べるもの，ムシを捕食するもの，土壌の分解者などいろいろな種を含んでいる節足動物の大きなグループ（ダニ亜綱，Acari）の総称なのです．このダニ類のなかで，糸を紡ぐグループとして，植物食のフシダニ類とハダニ類，また捕食性のテングダニ類，ハモリダニ類，ツメダニ類などが知られています．ただし，クモ類や昆虫類に比べるとダニ類の生態はまだ多くが未解明なので，これからも糸を出すダニ類が見つかるでしょう．現在知られているものだけを見ると，糸を出すのはほとんどが植物に寄生しているダニとその捕食者に限られているようです．しかも，分類学的には全て，前気門亜目（Prostigmata）というグループに限られています．これは，このグループの祖先に1回だけ糸を出すという性質が生まれ，それがその後，消えたり残ったりしたことを意味するのかもしれません．あるいは，亜目より下位のグループの祖先が生まれた後に，別個に繰り返し進化した可能性もあります．まだどちらというだけの情報がありません．

　それでは，糸はそれを出すダニたちにとって，もともと何だったのでしょうか．私たちは，引っ張ってもなかなか切れず，織物や縄の素材になる「本当」の糸と，いわゆる糸を引くと表現される，寿命の短

> **Box 2-1　糸とけむり**
>
> 　そう言えば，子どものころに遊んだおもちゃに「ようかいけむり」というのがあった（商品名は最近ネットで知ったので，当時とは違っているかもしれないが）．なにやらねばねばした物質を人差し指につけ，親指でそれを繰り返したたくと，煙のようなものが出てくるものである．これをよく見ると，無数の細い糸を引いているのが煙のように見えるのだということがわかる．同じようなことは，市販のセメダイン（セメダイン（株））を使ってもできる．要は粘着物質のねばねばが糸を引いているのが，まるで煙のように見えるのである．

い「糸のようなもの」があることを知っています．後者は，例えば納豆が引く糸，オクラが引く糸など特に何かの素材にはなっていない「糸」です（ただし，オクラのねばねばなどは，オクラ自身にとって何か適応的な意味はあるのかもしれませんが）．これらの例は，オクラを除けば植物由来のものが菌によって発酵し，それがねばねばになって「糸様」の形状を示したものです（Box 2-1）．

　このような現象を見ると，ムシの出す糸は，この「ねばねば」がこうじて糸になったのではないか，そんな思いを抱かせます．ムシが出す糸，特にダニのように小さなムシの出している糸は，何か別の理由で身体から分泌されていた「ねばねば」物質が，ある進化の段階で乾燥した「糸」に変わったのだと考えると納得しやすいということです．第4章でツムギアリの働きアリが，まるで大きな接着剤の容器のような幼虫を抱えて，その口から出る糸で巣材をくっつける行動（綴る）が紹介されています．この場合，そこで使われている「糸」とは，糸なのでしょうか，それとも接着剤（ねばねば）なのでしょうか．でき上がった巣は糸状のもので葉をつなぎ合わされてできていますから，「糸を使って」と言っても良いのでしょうが，このアリの幼虫の出している物質は接着剤なのかもしれません．一方，昆虫やダニ類の祖先型を残すと言われているカギムシは，口器の近くにある2対の突起（oral

2-1 ダニの糸

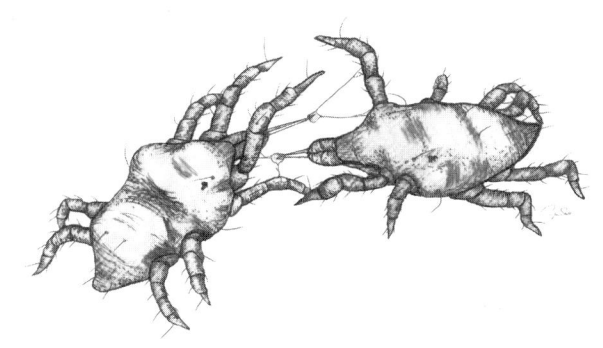

図 2-1 ナミハダニのオス同士が口針に唾液様物質を分泌して相手にそれを付着させている様子 粘着物質を強調するためにハダニの体毛や脚毛などは，一部省略してある．

papilla) から粘着性の液体を連続放出し（これは後に紹介するハダニの糸を出す器官が，1対の触肢の先端にあることによく似ています），それによって獲物をからげて身動きの自由を奪い捕食します．この粘性をもつ液体は，まるで投げ縄のように見えます．

 ハダニでも糸状になるねばねばを出すことが知られています．ナミハダニのオスはメスをめぐって他のオスと争うときに，口針（もともとは植物から吸汁する器官）を突き出して武器にして戦います．サーベルのように見える口針の先端に液滴が分泌され，それはねばねばの糸になって相手に絡み付くのです（図 2-1）．それを付けられた相手は，脚が思うように動かなくなって戦意を喪失させることが観察されています．このねばねばは，カギムシの粘液と同じような機能をもっているようです．まだその詳細は判明していませんが，私はたぶんそれは唾液（植物に口針を刺し込むときの潤滑液の役割をもつらしい）だと考えています．それがオス同士の闘争に際して，相手の行動を阻害するねばねばとして転用されているのでしょう．

 植物の細胞液を吸汁摂食するハダニ類（ハダニ亜科）は，英語でスパイダーマイト（spider mite）と言い，それはクモのように糸を出すことから命名されたものです．体長が 0.4～0.5 mm くらいで，肉眼ではホコリのようにしか見えない微小な動物です．糸は1対の触肢（palpi）の先

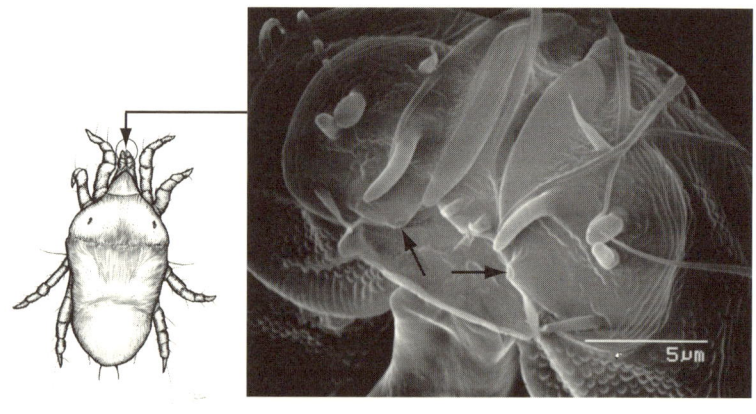

図2-2 ケナガスゴモリハダニの口器部 左図の円で囲んだ部分を矢印の方向から撮影した走査電子顕微鏡写真が右図．右図中に矢印で示した紡錘型の(富士山のような)器官が紡糸口(出糸腺の末端)．

端の出糸突起(terminal eupahtid)という器官から出されるので，はじめは2本ですが，それが出糸直後に合体して1本になることが多いようです．クモでは身体の後端にある紡糸器官から糸を紡ぎますが，ハダニは身体の前方にある触肢の先端から紡ぎ出す(図2-2)という点が大きな違いです(ただし，一時口吻から出すと誤解されていました．それは，この部分が微細すぎて観察が困難だったこと，また先に紹介したナミハダニオスの出す唾液様物質(図2-1)と混同されたためとも思われます)．クモとダニは同じクモガタ綱に属していますが，この糸を紡ぐ器官や場所の違いは，糸がこれらの2グループでは全く異なる起源をもつことを暗示しています．ところで，ナミハダニの糸を調べたイスラエルのジャーソン(U. Gerson)さんたちによれば，その太さは $0.03〜0.06\,\mu m$ ($1\,mm = 1000\,\mu m$)だと測られています．これは1本が $0.03\,\mu m$ 前後で，2本が合体して $0.06\,\mu m$ になるのだとみると納得できる数字です．

　ハダニの糸は，それが絹糸腺から押し出される，あるいは脚などを使って引っ張り出されるのではなく，絹糸腺の開口部(図2-2)から分泌されている粘着物(液状絹)を基質(何か他のもの)に付着させ，ダニ

2-1 ダニの糸　　　　　　　　　　　　　　　　　　　　　　　　　45

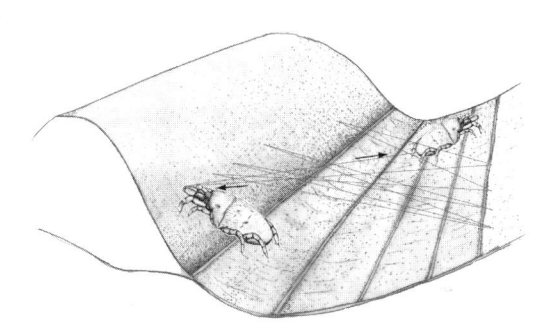

図2-3　ケナガスゴモリハダニメスが葉のくぼみに巣網を張っている様子　　ダニの体毛・脚毛などは省略してある．ハダニの多くは葉の裏にすんでいるので，この図では上下を逆にして描いてあることに注意．

自体が動くことによって紡ぎ出されるものです（図2-3, 1-2節参照）．それは，ナミハダニやミカンハダニが歩き始めるときに必ず触肢を葉面に付着させること，歩行時に常に糸を引いていること，また造巣性ハダニであるケナガスゴモリハダニの巣づくり行動を見ても，巣をかける基部（葉面）の端に触肢先端を付着→巣の反対側まで歩行→触肢先端基部付着という繰り返しによって巣網が形成されていくことから，明らかです（図2-3）．

　ところで，ハダニの出す糸にはそのまま使われる場合と，素材として「網」になって初めて役に立つ場合とがあります．これは人間の世界でも，糸（強度を得るために，私たちは単糸を撚って撚糸やロープにします（7-2節参照））として使われる場合と，織った布として使われる場合とがあるのと同じです．ただし，植物食であるハダニの場合，クモのように餌を捕まえるための機能というものは知られていません．逆に捕食者から免れる機能がその主なものだと考えられています．このような糸の機能の多様性が，本書で紹介するトピックです．以下，ハダニはどのような場面で何のために糸を出し，それをどう巧妙に使っているのかについて順次紹介していきましょう．

2-2　巣網をかける社会性ハダニ

　スゴモリハダニ属（*Stigmaeopsis*）というグループがあります．このハダニは，紡いだ糸で巣網をつくりその中で生活するので，この習性にちなんで「巣籠もり＝スゴモリ」という和名がつけられています．わが国には最初タケスゴモリハダニという1種だけ分布すると言われていましたが，筆者たちの研究によって，この数十年の間に5種が存在することが判明し，さらに海外の種も含むと少なくとも8種いることがわかってきました．糸を用いてさまざまな生活のかたち（生活型）を展開しているハダニたちの生活を，糸を網の材料として使うこのグループの紹介から始めたいと思います．

　私がハダニ類のなかで最も高度な糸の使い方をしていると考えているのは，このスゴモリハダニ属のケナガスゴモリハダニ（以下，ケナガスゴモリと略記）です．本州の山岳地帯や北海道の森林は，林床がササで覆われ，そこに落葉広葉樹や針葉樹が生えているという独特の景観をもっています．このササ（北海道ではクマイザサ，チシマザサおよびミヤコザサが主）にはたくさんの種類のハダニが生息していること，またそのほとんどがササに固有の種であることが知られています．そのなかの1種ケナガスゴモリは，図2-3のように，ササの葉の裏面に三角テント（あるいは片流れ屋根，庇）に似た巣網をかけて，その中で集団生活するという独特の生活型をもっています（図2-4）．テントの場合にはあらかじめ織ってある布を使うのですが，ダニの場合は現場で糸を紡ぎ，その糸で幕を織って「テント」をつくるのです（図2-3）．このハダニは，巣網の中で個体同士がさまざまな相互作用（共同）を行うことから，社会性のハダニであるとされています．この社会行動が進化した基盤には，巣の中で集団生活をするという習性があったのだと考えられています．

　ケナガスゴモリは，巣の特定の場所（1～2箇所）に排泄場所（トイレ）を設置します．このトイレがどのようにつくられまた維持されるのかについて，佐藤幸恵さんによって詳しい研究が行われました．そ

2-2 巣網をかける社会性ハダニ

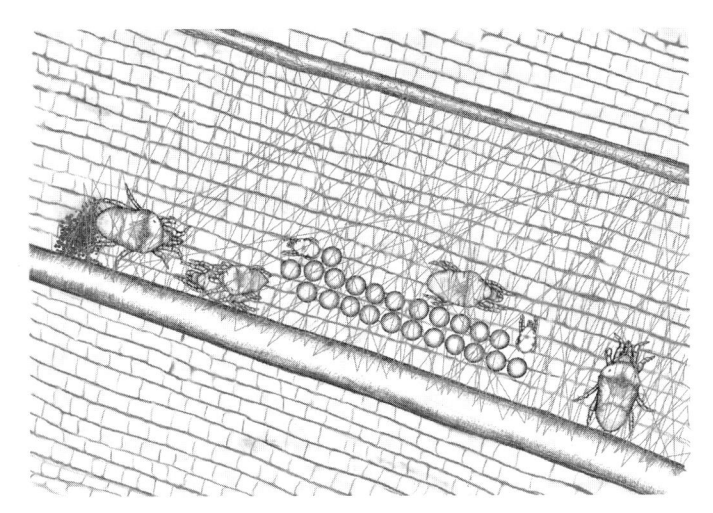

図 2-4　ケナガスゴモリハダニの巣網およびその中で暮らすダニたちの模式図　左端の黒い粒子上の塊はトイレを示す．丸いものは卵，脚が3対のものは幼虫，またやや小さく脚を前後に伸ばしているのは脱皮前（第3静止期）のメス．それに覆いかぶさっているのは交尾前メスをガードをしているオスである．また，両端の大型の個体がメス．

れによって，ハダニが巣網を手がかりにしてトイレの場所を決めているということが証明されました．メス成虫が糸を出して（引いて）葉のくぼみに網をかけることがこのハダニの造巣生活の出発点（図2-3）であり，その網ができた後に，網をつくったメスがおもむろに巣の端（巣は一般に両端がすぼまったトンネルのような構造をもつ）に排泄するのです（図2-4）．巣を創設しているメスは，とにかく巣網の外枠ができるまでは，じっとトイレを我慢していることがわかっています．そして，この最初の排泄場所が，親とそこで発育する子どもたち（巣のメンバー）の共同トイレになるのです．この部分はハダニが巣に出入りする場所（と言ってもこのハダニは滅多に巣外には出ませんが），つまり玄関にあたります．私たちの家でもトイレが玄関のそばにあることが多いのですが，何か両者に共通する理由があるのでしょうか．ともかく，このハダニが共同トイレをつくるには「糸でつくられた巣網」の存在が不可欠だということです．このことは，共同トイレがつ

くられる理由 (つまり排泄に関する個体間の「約束」) が，この造巣性という習性によって生じたものだということ (その逆ではない) を示しているのでしょう．

共同トイレをつくるという点だけを見ると，それはスゴモリハダニ類に共通の習性で，また場所を決める手がかりが巣網の構造であることも共通しています．ただし，ケナガスゴモリの巣は個体数が増えてくると非常に大きく発達するので (0.5 mm のハダニに対して，次々と増設された巣のサイズは 2,000 mm^2 以上，人間にたとえれば 1 ヘクタールくらいになることがある)，巣内の網の構造だけではトイレの場所を感知できなくなるようです．そのためか，彼らは 2 次的な手段として，トイレの臭い (化学物質) をトイレの場所を感知するために用いています (ただし，巣が大きくなるとトイレも増設される)．我々もトイレの所在をその臭いで知ることがあります．もとより，それはもよおしたときよりも，例えば公園を散策中に臭いで公衆トイレを感知して，そこを避けるということのほうが多いようです．トイレ特有の臭いというものは，まぎれもなくあって，このハダニはそれを利用しているのです．ただし，この臭いの利用は大きな巣をつくるケナガスゴモリとススキスゴモリハダニ (ススキに寄生する．以下，ススキスゴモリと略記) だけに見られるもので，小さな巣で生活するササスゴモリハダニ (以下，ササスゴモリ) やヒメスゴモリハダニ (以下，ヒメスゴモリ) には見られません．

いずれにしても，共同トイレを進化させる前に，すでに巣網があったことは疑いを入れません．では，なぜトイレをもつようになったのでしょうか．それは，巣網に囲まれた空間，特に葉面を排泄物で汚したくないということにあったと考えられます．葉面は彼らの餌であり，また発育・繁殖のための場所でもあります．このような場所を糞尿で汚すことは，せっかくつくった巣の寿命を短くし，また排泄物に常時接触していれば衛生上の問題を生じるに違いありません．巣の中で集団生活するという選択肢を選んだ段階で，トイレをつくる習性が必然的に進化したのだと考えられるのです (2-3 節参照)．実は，この

ような糸と排泄の関係は，後に紹介するようにハダニ類という大きなグループ全体の生活を理解するうえでも欠かせないものなのです（詳細は2-6節）．

2-3 「道具」としての糸

　さらに，ケナガスゴモリでは糸を粘着テープのように使って巣内や卵を清掃していることが，ごく最近，金澤美季さんたちの研究で明らかになりました．ダニがいると体に悪いから部屋を掃除する，というのは清潔好き，あるいは家族の誰かがダニアレルギーの家庭では，何の変哲もない会話でしょう．しかし，部屋を掃除するダニということになると，これは「まさか」ということになるのではないでしょうか．

　狭い巣の中で集団生活しているケナガスゴモリは，どうやって病気の集団感染から免れているのでしょうか．なぜなら，巣の中は外界から密な網で隔てられ，床面は植物の葉なので蒸散作用でじめじめしています．そんなところでたくさんの個体が集団生活をしているのですから，病気が発生したらひとたまりもないだろうと心配です．狭いところに集団で長期間暮らすということは，人間にとっても病気の集団感染という重大な危険があることは，昨今のインフルエンザやSARS，さらに家畜ならウシの口蹄疫や鳥インフルエンザの話しをもち出せば理解できるでしょう．集団でいることは，とにかくさまざまな感染病に弱いということになります．

　先にスゴモリハダニ類がトイレを決めているのは，巣の衛生のためだろうと紹介しました（2-1節）．しかし，このような衛生のための適応は，逆にトイレを病気の感染源にしてしまう可能性もあるのです．ケナガスゴモリのように巣の中に数百個体がすんでいて，決まったトイレに通うということになると，いったんトイレが病菌で汚染されれば，そこに行った個体が菌の胞子や分生子を身体につけて巣全体に散布してしまうという危険があります．実際にトイレ（糞塊）は菌の培地のようなもので，そこにさまざまな菌類が発生していることが菊池

(伊勢)あゆみさんの研究でわかっています.

ところで,図2-5は,だいぶ前に私が撮影したケナガスゴモリの巣内の電子顕微鏡写真です.この写真は,固定乾燥した後で巣網を剥がしてから巣の中のハダニの写真を撮ったものですが,剥がした巣網も同時に写っています.その巣網には,おびただしい数の脱皮殻が付着していますが,葉の表面すなわち巣の中にはほとんど脱皮殻がないことに気づくでしょう.どうしてほとんどの脱皮殻が巣網に付着しているのでしょうか.脱皮前のダニが巣網上にいるなどということは観察されたことはありません.したがって,これは,ダニが葉面にあった脱皮殻を何らかの方法で片づけた(清掃した)結果ではないかと思われたのでした.

巣内の掃除行動があるのかどうかを調べるには,巣を人為的に汚して,それに対するハダニの反応を調べればよいことになります.しかし,汚すと言っても体長0.5mmのダニにとって「汚れ」とは何でしょうか.それは微小なホコリ,チリ,バクテリアや病菌の胞子などでしょうが,残念ながら私たちの肉眼にはよく見えませんし,実体顕微鏡でもなかなか確認が困難です.そこで,一定サイズの微粒子(細胞を粉砕してDNAをとるために市販されている)をホコリの代わりに使

図2-5 野外で採集したケナガスゴモリハダニの巣の走査電子顕微鏡写真　中を見るために巣網を剥がしてある(下方).そこに付着したたくさんの脱皮殻に注目.

2-3 「道具」としての糸

えないかと思いつきました．ただし，あまり小さすぎては実体顕微鏡でさえ数えることができないし，大きすぎてはダニのホコリとしての現実性を欠くでしょう．病菌の胞子や分生子のサイズが 1〜40 μm の範囲ですから，その中間サイズに当たる 20 μm のシリカ粒子（赤）を購入して試してみました．このくらい小さな粒子 1 つは，乾燥状態ではまさしく肉眼では見えないホコリそのものです（そのため，取り扱いやすいように水に浸された状態で販売されており，それは赤い水にしか見えません）．それでも，実体顕微鏡下 30〜50 倍でなら何とか 1 個ずつ識別できるので，金澤さんは早速これを用いていくつかの実験を行ったのでした．

まず，ササの葉がホコリだらけのとき，ケナガスゴモリはそこに巣網をつくるのでしょうか．また，つくるとしたらホコリはどうなってしまうのでしょう．ハダニがすんでいる野外植物の葉には，それが寄生する前から，かなりのホコリ（病原菌の胞子も含めて）がついています．例えば，鹿児島など火山灰の降る町では，公園に生える樹木やササの葉が，まるで漆喰を塗ったように火山灰で覆われていることがあるのです．そんな植物にもスゴモリハダニ類をはじめ多くの種のハダニがすんでいる，というより，そういう植物のほうにハダニが多いという経験を語る研究者もいるくらいです．そうであれば，ハダニは葉面のホコリを処理する能力をもっているのかもしれません．

そこで，まずきれいに洗ったクマイザサの葉裏面にシリカ微粒子をたくさんまき散らして「汚して」おいて，そこにケナガスゴモリのメスを 1 匹放し，その行動をビデオで記録してみました．結果は明白でした．図 2-6 に見るように，メスは，5 日後には葉の表面にあったシリカ粒子のほとんどを巣網（天井）に上げてしまい，葉面にはこの人工ホコリ（微粒子）はほとんど無くなっていたのです（図 2-6）．

それでは，どういう行動が「ホコリ」を巣網の天井に上げたのでしょうか．網を張って，後でひとつ 1 つ天井に持ち上げたのか，それとも何か「道具」でも使ったのでしょうか．それは，ビデオに記録されたハダニの行動解析から明らかになりました．巣をつくり始めたケナガ

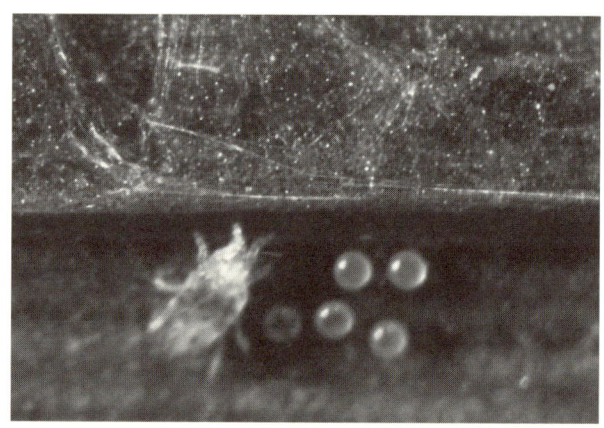

図2-6 微粒子をまいた葉面で5日間巣をつくらせた後に，巣網を剥がした状態
ほとんどの粒子（光った粒）は，剥がした網（上半分）に付着し，葉面にはほとんど残っていない．

スゴモリのメスが行う行動は，ほとんどが網かけ（糸張り）行動であり，残りの少しの時間が休止か摂食行動でした．巣内パトロール（たぶん，天敵などの侵入をモニターする行動）や産卵行動は全く見られず，またトイレ通いも数回程度であり，これらがホコリを巣網に上げたということは考えられません．したがって，ダニが糸張り行動でホコリを天井に片づけたとしか考えられないのです．

　なぜ糸張り行動で，人工ホコリが片づくのでしょうか．たぶん，出された糸がねばねばしていて，それにゴミやホコリが付着することで巣網（天井）へ持ち上げられるのだと思われました．そうであるなら，糸が粘っていることを確かめなければなりません．そのために，まずメスを何もないササの葉に入れて，巣網を張り始めるまで観察しました．そして，糸を張り始めてから5分後にメスを葉から取り除きました．このとき張られた糸は，5分以内に紡がれた「ほやほや」の糸ということになります．この糸に，一定数のシリカ微粒子（先の人工ホコリ）を振りかけて，その微粒子が糸にどれくらい付着するかを数えてみたところ，かなりたくさん付着したのです．張られてから最長5分後の糸には，確かに強い粘着性があることがわかりました．それで

2-3 「道具」としての糸

は，張られてから1時間後ではどうでしょうか．同じように調べたところ，まだ微粒子がたくさん付着しました．しかし，紡いでから3時間以上たった糸にはほとんど付着しないことが明らかになったのです．つまり，糸は紡がれてから1時間ほど強い粘着性をもち，まさしく「粘着糸（テープ）」＝「掃除道具」になっていたのです．

それが3時間以上たつと粘らなくなるというのが，もう1つの重要なことのように思われました．なぜなら，糸は巣網の材料ですから，それがいつまでも粘っていると，そこにすむハダニにとってかなり不都合だと見えるからです．私たちの生活でたとえれば，小包の梱包に両面テープを使うようなものです．この小包は運んだり積み上げたりするときに，大変やっかいなものになるでしょう．実際，網でつくられた巣の天井がいつまでも粘っていることは，スゴモリハダニにとってもたいそう困ったことになります．このハダニは網の存在（巣の存在）を，接触刺激として胴部背面に生えている毛の先で認識していることを，森光太郎さんが証明しているのです（スゴモリハダニにはものを判別できる眼がない）．巣を感知するために常に粘った天井に背毛を触れさせていなければならないとしたら，それは何とも動きづらいことになるでしょう．したがって，短期間だけ粘っているというこの糸の特性は，糸を掃除に使い，同時に巣網の材料とするという2つの目的のために，はなはだ都合のよいことに見えるのです．このように粘着する糸をホコリ掃除に利用するという方法は，私たちが粘着テープで机のゴミをとったり，あるいは服についている綿ボコリをとったりするのと同じです．最近では商品名コロコロ（(株)ニトムズ）というものが多くの家庭で使われるようになっていますが，そのような道具はケナガスゴモリによって，はるか昔にすでに「発明」されていたということになります．

こうして，「巣網をつくる行動＝ホコリの片づけ行動」であることがわかったのですが，そうは言ってもこの掃除行動は，網をつくるという「目的」（この表現は科学的ではなく，本来なら「機能」というべきですが，ここではあえてこう書きました）の単なる副産物なのかもし

れません．つまり，網張り行動をした結果として巣がきれいになっているのであり，ハダニが巣内（この場合には巣の葉面）を「掃除」しているのではないのかもしれません．

「掃除行動」の存在を証明するには，巣の中の汚れ方を変えたとき，そこにすむダニがそれに反応して掃除をする程度を変えること，を示せれば良いはずです．つまり，「ホコリがひどい」と「掃除と見られる糸張り行動」が活発になることを示すことです．糸張り行動が巣網をつくる，あるいはそれを補強修復するだけの行動だとすれば，巣内のホコリの多寡はその行動には影響しないはずです．そこで，巣網を半分破って，そこにいろいろな量（数）の微粒子を散布して，糸張り行動と散布された微粒子数の関係を調べてみました．なお，このハダニは，巣を破られると必ずそれを修復するための糸張りを行います．実験結果は，このハダニが，壊れた巣を修復する「以上」に，また巣の

Box 2-2　糸によるゴミ掃除

ビデオレコーダーで記録した巣内でのスゴモリハダニメスの行動を観察すると，図2-3に示した往復行動が頻繁に繰り返されることがわかった．この行動が糸張り行動だと判断されたので，巣の端から別の端まで移動する行動を1と数えて，その合計を「糸張り行動の頻度」とした．図2-7は，巣内にまかれた微粒子の数が多いほど，この糸張り行動が増えることをはっきり示している．

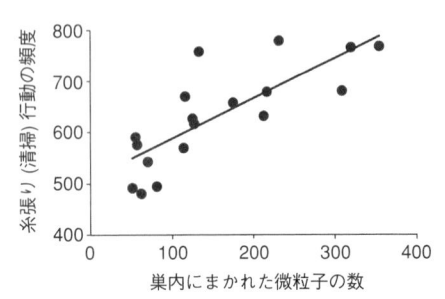

図2-7　巣内にまかれた微粒子の数と糸張り行動の関係

2-3 「道具」としての糸

中にホコリが多いほど，糸張り (つまり掃除) 行動をしっかりやることを示していました (Box 2-2)．つまり，彼らは確かに「糸」を使って巣内を清掃していたのです．とにかく，きれい好きのハダニだったのです．

ところで，1つ疑問ですが，ものを判別できる眼がないケナガスゴモリは，巣の中が汚れている，つまり微粒子がたくさんあることをどうやって知るのでしょうか．これは，まだよくわかっていません．ただ，その行動観察から，ある可能性について言うことはできます．彼らが汚れた巣内を歩いたり，糸を張ったりと動き回っていると，ハダニの身体に微粒子が付着します．何かが身体に付くと，このハダニはいやがって，イライラした様子を示し，行動が活発化します．こうした触覚刺激が，糸による掃除行動を触発していると思われるのですが，どうでしょうか．

さらに，掃除行動の発見には，もう1つ，新しい糸の機能の発見が伴いました．この掃除糸は，巣内の葉面にあるものを何でもかまわずに天井に移動してしまいます．そうなると，本来は葉面になければならないもの，例えば静止期 (ハダニには若虫や成虫へ脱皮する前に長い非活動期がある) の幼若虫，さらに卵もこの掃除行動の対象になってしまうでしょう．前者は，口器を葉に密着 (たぶん唾液で) させて静止しているので片づけられずにすみますが，卵はそうはいきません．実際，カブリダニやナガヒシダニなど捕食者の卵がしばしば天井網に織り込まれてしまい，孵化ができなくなることが知られています．

驚いたことに，ケナガスゴモリは，この問題も糸を用いて同時に解決していたのです．このハダニの行動研究を手がけた何人かの研究者 (齋藤，森，Chittenden) は，メスが卵を産む前後に，身体の前方を左右に振る行動 (首振り行動) をすること (図 2-8 左)，また卵の下および周辺に網 (以下，マット) が張られていることに気づいていました (図 2-8 右)．しかし，ハダニ類の網は卵を覆うようにかけられることが多く，それが捕食者回避に役立つことが知られている (チッテンデンさんたちが，イトマキハダニで証明した) ので，この卵の下にある網

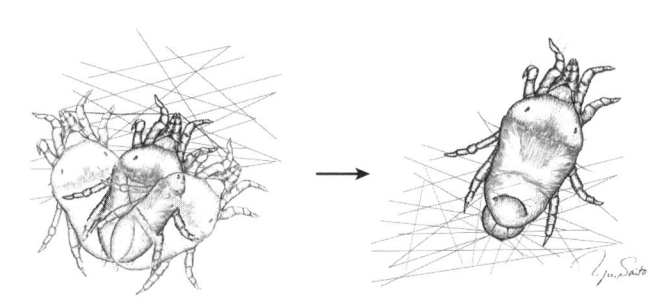

図 2-8 ケナガスゴモリハダニのメスが示す産卵直前の首振り行動は，卵マットをつくる行動と考えられる　マットに産まれた卵は網の粘着性によって葉面にしっかり固定されている（わかりやすいようにメスの後体部を透明にした）．

　マットのもつ意味が，長い間わからなかったのです．ところが，このケナガスゴモリに糸による巣内掃除という行動が発見されたことで，このマットが掃除を免れる機能をもつのではないか，という新仮説が浮上したのでした．
　金澤さんは，それを確かめるために，ケナガスゴモリの巣を少し壊して，そこから微針を挿入，傷つけないように微針の腹で卵を産まれた場所からそっと動かしてみました．このように動かした卵と動かさなかった卵を翌日調べてみたところ，何と動かした卵は，全て親メスの掃除行動によって巣網の天井に上げられていたのです．葉面に密着した網マットが，産卵の直前の首振り行動によって形成されるとすれば，それは張ってまもない十分粘っているマットに卵を産んでいることになり，マットが両面テープのようになって卵は葉面にしっかり固定されることになります（図 2-8 右）．産卵後だいぶたってから人為的に動かしたことで，卵が網マットから剥がれ，そのために掃除行動の対象になってしまったのです．つまり，謎だった産卵前後の首振り行動は，卵を葉面に固定するための網マットをつくる行動であり，そのマットは卵を掃除行動から守るという重要な機能をもっていることが，明らかになったのでした．1つの糸の機能が，もう1つの新しい機能をも進化させていたのです．糸がもつ新機能の発見でした．さらに，この

発見は，このハダニの掃除対象が住居（巣内の葉の表面）にとどまらず，卵や静止期の体表面でもあることを意味します．つまり，メスは汚れた子どもたち（卵や幼虫）の身体も糸できれいにしていたのでした．

　蛇足かもしれませんが，なぜスゴモリハダニは網マットの上に卵を産むのでしょうか．もし卵を天井に移動しないためだけというのであれば，他のハダニによく見られるように卵を網で覆うほうが確実なように思われます．しかも，卵を覆った網が，捕食者回避の機能をもつというイトマキハダニの例もあるのです．そうしない理由は，やはり卵の表面を網で覆わずに「露出」させておくことで，メス親の糸による清掃で，卵に付着するホコリや有害な胞子などを取り除くことができるからなのではないでしょうか．あるいは，親ダニが別の方法で卵をケアー（例えば，表面を直接クリーニングするなど）するため，という可能性もあるような気がしています．

2-4　命綱と（浮）遊糸

　さて，スゴモリハダニに見られる発達した糸の機能について紹介したところで，それではハダニ科という大きなグループにおいて，糸とはもともと何だったのかについて改めて考えてみたいと思います．

　ハダニにおいて糸が「そのまま」で使われる例は，命綱という最もシンプルなものです．このような糸は，ミカンハダニ，ナミハダニ（農業害虫）など多くの種において，その生活の基本を支えているものだと考えられます．樹木などの葉にすんでいる翅をもたない微小なハダニにとって，葉＝餌からの落下というのはいかにも困ったことでしょう（1-4節）．実際に，ナミハダニなどは，下を向いた葉の裏面を歩行しているときに，しばしば脚を踏み外して糸でぶら下がることが観察されます．また，農薬などが散布されると麻痺した多数のハダニが葉からぶら下がることが観察されています（図2-9）．これらは，ナミハダニが歩行時にいつでも糸を出していることを暗示しています（ただし先に紹介したスゴモリハダニは，糸張り行動以外の巣内移動時に

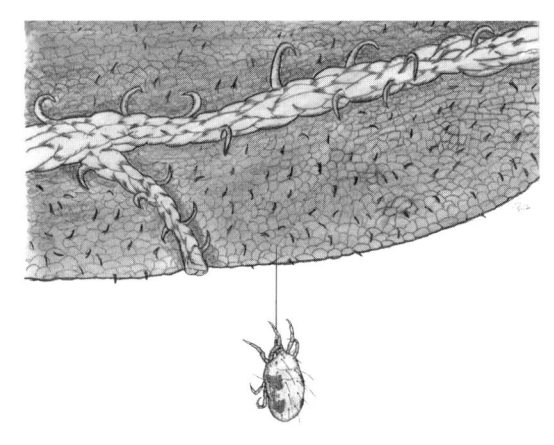

図 2-9　ナミハダニメスが葉から脚を踏み外して糸でぶら下がっている様子

は糸を出しません）．

　歩きながらいつも糸を出しているということを定量的に示した研究があります．ナミハダニやミカンハダニの歩行跡とそこにあった糸を，単位マス目（1 mm 四方）を横切った線分数に置き換えて数えたところ，両者には，ほぼ 1 対 1 の対応関係があったのです．それは，歩いたところには必ず糸が残されている，つまり，いつでも糸を引いて歩いているということを示しています．クモの多くが歩行時にいつも糸を引いていることが知られていますが（1-2 節），そのような糸は，クモの専売特許ではないのです．

　また，歩くときに糸を引いていると言っても，ただ引きずっているのではありません．ある間隔をおいて糸を歩行面に接着しながら歩いているのです．脚を踏み外したとき糸で懸垂ができて安全だと言っても，あまり長い糸では登るのが大ごとです．岸壁登山者がある間隔で岩に打ち込んだハーケンにザイルを通すように，ハダニもある間隔で糸を接着しながら移動しているのです（図 2-10）．このことを見ても，糸には先に述べた落下時の命綱という機能があることは確かなことでしょう．また，この命綱が，クモや昆虫の幼虫に見られるように，敵に襲われたとき，葉からぶら下がって逃げる手段になっている可能性

2-4 命綱と（浮）遊糸　　　　　　　　　　　　　　　　　　　　59

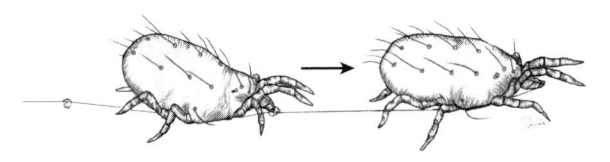

図 2-10　ナミハダニは歩行時に，ある間隔で糸を葉面に付着しながら糸を引いている

もあります．ハダニやその天敵であるカブリダニが小さすぎて，葉の裏でそれを観察するのは困難ですが，今後の研究でそのような機能が明らかにされるかもしれません．

　糸はクモの場合，道しるべでもあり，洞窟探検のときのロープのように，戻るときにそれをたどっていくのだという報告もあります．私の観察で，葉の裏に巣網をつくり，葉の表で餌をとる熱帯のハダニで，スコールのときに葉裏にある自分の巣に速やかに戻るために，糸の道しるべを使っているのではないか，と思われる種がいました．したがって，ダニの糸は少なくとも「それ自体」で，命綱と道しるべの役割をもっているようですが，後者はまだ実証されていません（ただし，2-10節参照）．また，すでに2-2節で紹介したように，ケナガスゴモリが粘着テープのように糸を掃除「道具」として用いるのも，糸自体の機能ということになりますが，それはむしろ糸をめぐる進化の最終段階に生じたものだ，と私は考えています．

　定着のための糸（命綱）だったものが，その逆にあたる「分散」のための「遊糸（クモが糸を風に乗せて空中を移動する行動で，バルーニングあるいはゴッサマーと呼ばれる．1-3節参照）として反転利用されることもあります．ハダニ類の初期の研究で「空中を浮遊するハダニ」という論文を書いたフレッシュナー（C.A. Fleshchner）さんたちは，ハダニ類のなかに，風に糸を乗せて分散する種があることを明らかにしました．また，西野操さんと古橋嘉一さんもミカンハダニが果樹園内の移動に糸を使っていることを報告しています．さらに，鰐淵恭子さんと私は，実験室内で高密度寄生したクリの葉から多数のトドマツノハダニ（現在はクリノツメハダニと改称）のメスが糸でぶら下が

り（図2-9参照），振り子のように風に揺られながら糸を伸ばして，別の葉に移っていく様子を観察しています．これは，低密度では葉に個体を定着させる糸（命綱）が，条件（餌葉の枯渇，高密度など）しだいで個体の分散という正反対の目的に切り替わることを示しています．自然界にはこうした硬貨の裏表（1つのものが異なる2つの面をもつ）のような現象がよくあります．

2-5　糸から網へ

ところで，ハダニが集中することで，彼らが歩くときに出す糸が，葉の主脈沿いや支脈の付け根付近，あるいは葉毛の密な部分，さらにくぼみなどに蓄積して，「結果的に」網を形成することがあります．個体数が増えればそのような網状のものが顕著になってきます．ただ，このような網はスゴモリハダニの巣網のような特定の構造をもちません．単に糸が縦横に張られ，それが網に見えるということになります（クモでもこのような網を不規則網と呼び，円網などと区別します．

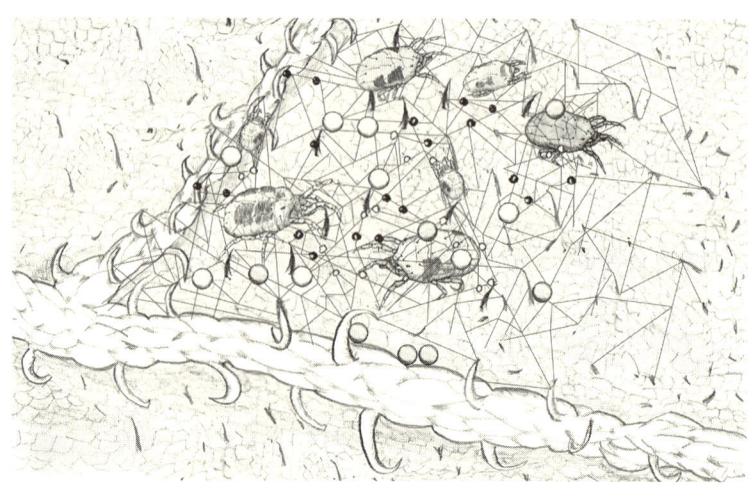

図2-11　ナミハダニの生活型（CW型）の模式図　網上の小さな黒や白の粒子はハダニの糞，白い大きな○は卵を表している．

1-6節）．もちろん，そのような単純な起源をもっていても，さらに積極的に巻き込んだ葉のくぼみに密度の高い網をつくる，あるいはその網が層状になるなど，より発展した形になったものがあります（図2-11）．このような網をつくる生活型を私は，「特定の構造をもたない乱雑な網」という意味で不規則立体網（記号化してCW）型と名付けました．このタイプにはナミハダニやカンザワハダニなど農業害虫として有名な種がたくさん含まれています．また，葉にあらかじめ存在する物理的構造を利用するのではなく，積極的に葉にくぼみを形成する種がいることを奥圭子さんが最近明らかにしています．これはたぶん，糸がもつ張力によって葉が巻き込んでくることによるのでしょう．特に成長途上の若い葉であれば，糸を張られている部分がその張力で広がれず，そうでない部分が成長することで，弓なりに内側にくぼんでくるのだと考えられます．さらに，ササに寄生するミドリハダニでは，その寄生密度が高まると大量の糸で葉が引っ張られて葉裏面が内側に巻き込まれることも知られています．

2-6　トイレと網

　前述の不規則網は，それをつくるハダニにとってどんな機能があるのでしょうか．それは，CW型における網の利用法を種間比較することで推定が可能です．最も単純なCW型は，網を形成するだけですが，多くのCW型の種では，網上で排泄することがわかっています．先にスゴモリハダニで述べたような（2-2節）排泄と網の関係が，この不規則網の場合にもあてはまるのです．さらに，糞ばかりか卵や静止期が，網の上にたくさん見られるナミハダニ，カンザワハダニがいます．不規則な網は，排泄場所，卵を産みつける場所，そして静止・脱皮する場所として利用されているわけです．網がこのような場所として利用される利点とは何なのでしょうか．

　まず，網が糞をする場所になっているという点について考えてみましょう．葉面はハダニの餌であり，生息場所でもあります．しかも葉

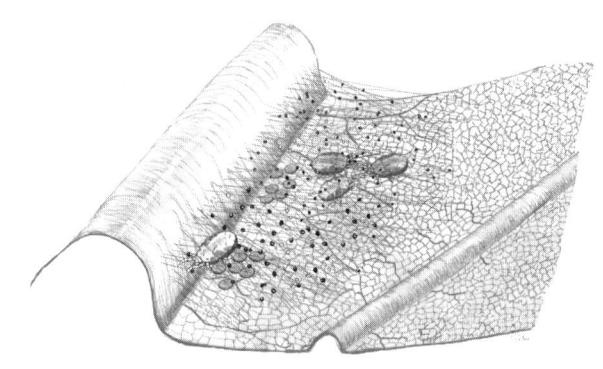

図 2-12　カシノキハダニは巣の屋根をトイレに使っている　網上の黒および白い点が糞を表している．

の表面はその蒸散作用や外部の湿度によって，湿気がたまりやすい場所です．特に夏には夜間に気温が下がると，葉には結露が生じることがあります．もしハダニが糞を葉の表面に出してしまうと，それはジメジメして，そこを歩き回って餌をとるハダニ自身の邪魔になるでしょう．もちろん，網をつくらないミカンハダニやイトマキハダニなどでは，個体があまり集中しない（ばらばらにすむ）ので，このような所かまわずの排泄の影響は少ないのでしょうが，CW型の網を形成するハダニは集合性が強い（もとより，どちらが先かはわからないが）ので，その被害が甚大だと考えられます．それなら，糞尿を葉以外のところに出せば良いだろうと思えますが，残念ながらハダニ類は全て肛門が腹面に開いているので，アブラムシやカイガラムシなどのように，背面に開口する排出口から外部に捨てるという器用なまねができないのです．ハダニは排泄物を何かに付着させるという方法でしかうまく排泄ができないように見えます．わざわざ餌にならない枝や茎までいって排泄するのも小さなハダニには容易ではなさそうですし，葉には出さずにそこに立体的に張られた網に出すという方法は，かなりうまい方法に見えるでしょう（図2-12）．さらに，網の上なら風通しも良いので葉の湿気から免れて，糞が乾燥して無害になることも考えられます．網上の糞は，高湿度条件（例えば夜間）では水分を吸収し

2-6 トイレと網

て元に戻りますが，そのような条件ではハダニの活動性が著しく鈍ることも知られていますので，あまり害にはなりません．むしろ，この場合，糞が湿っていると，天敵の侵入を防ぐ有効な障害物になるかもしれません（これは実証されていませんが）．このように，網を排泄場所にすると，ハダニには都合の良いことがいくつもあるようなのです．そうであれば，命綱が積み重なってできた網が，排泄場所になるというのは必然だったように見えます．

ところで，先に紹介したスゴモリハダニ (2-2 節参照) をその代表とし，葉の表面にそれとわかる 1 層から数層の巣網を形成する種が知られています．このような生活型を一括して造巣 (WN) 型と呼びます．この型を示すハダニは，ある限られた植物種にだけ寄生する種に多く，また常緑広葉樹寄生性（ササ・タケを含む）が多いのが特徴です．しかも，巣網を形成すること以外に，排泄物を巣のどこに出すかという点に，それぞれ特徴をもつグループがいることがわかります．これによって，網と排泄の関係がハダニにとって重要であることを再確認できるのです．

まず興味深いのはクワに寄生するスギナミハダニ，シイに寄生するシイノキハダニ，さらにアカガシに寄生するカシノキハダニです．彼らはいずれも葉に巣網をかけてその中で生活しています．しかし，網が巣の天井になっているので，先に紹介したナミハダニのように網に排泄するとしても，そこで排泄するためには，忍者のように天井に張りついて排泄するか，あるいは巣の外に出て屋根にあたる巣網に排泄するしかありません．実際には，これらのハダニは後者の方法をとっています（図 2-11）．彼らは，便意をもよおすと巣から出て，その屋根（巣網）に登り，そこで排泄を済ますと速やかに巣の中に戻ってきます．屋根のどこに排泄するかは特に定まっていないようですが，前に排泄した場所は避けているようなので，つくられてからある程度時間のたった巣網にはほぼ等間隔に点々と糞尿が付着し，またその糞の一部が黄金色をしているために，巣網はまるで黄金の瓦でふいた屋根のように見えます（横山桐郎さんは，この排泄方法が巣網の補強である

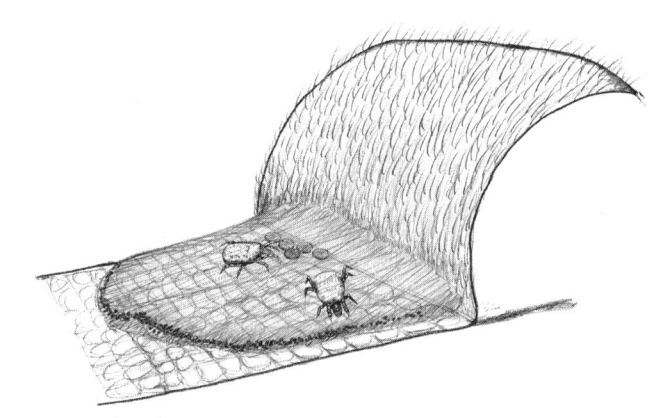

図 2-13 ヤナギハダニは巣のデッドスペースである巣網の周辺部だけに糞を出す

としている）．この方法なら巣網の内張り，つまり天井部分の網が十分に密であれば，巣内が清潔に保たれるので，衛生問題も解決できそうです．ただし，スゴモリハダニで実証されているように，巣網が捕食者（天敵）からの防護シェルターとして機能している（2-7節）のであれば，排泄のために巣を出るというのは，そこで待ち伏せをする天敵がいれば，いささか危険な行動だと思われます．トイレを巣内に設けるスゴモリハダニ（2-2節参照）もこの方法をとれば，トイレが病原菌のもとになることが少ないので有利のようにも思えますが，そうならなかったのは，天敵の危険が大きすぎたからかもしれません．

　このように網自体を排泄場所にする造巣性ハダニ以外にも，スゴモリハダニ同様に網を排泄場所の手がかりにする種はたくさんいます．ハンノキハダニ，シナノキハダニそしてクルミハダニでは，巣のデッドスペースが排泄場所として使われます．これは，図2-13のように三角テントの天井を巣網でつくると，それが葉面と接する空間が狭くて餌として利用が難しくなります．そのデッドスペースを排泄場所にするというやりかたです．胴部の後端をこの空間に押し込んで排泄すれば，そこは葉の表面ではあっても，歩くときにも餌をとるにも邪魔にならない絶好のトイレスペースになるでしょう．この方法は，ずぼ

らな人間が部屋の隅をゴミ捨て場にするのと同じようなものです．以上，巣をつくって集団生活をするハダニでも，巣網が排泄に深く関わっていることが，おわかりいただけたと思います．

2-7　巣網の防護機能

　さて，以上のように網はトイレになったり，トイレを設置する手がかりになったりと，排泄がらみの機能をもっているのですが，それ以外にも重要な機能があることがわかっています．それは，天敵に対する防護機能です．

　まずわかりやすい例として，個室型の巣網をつくるヒメササハダニで説明しましょう．この種は，成虫が卵を産むとその卵の周りにササの葉毛を利用してテント状の網をかけます．それだけではなく，幼虫も若虫も成虫も摂食するとき，あるいは静止（幼虫・若虫）するときに自分が入れる程度の粗い巣網をつくるのです（図2-14）．私は，これを個室型巣網と呼ぶことにしています．このような網があると捕食者に襲われにくくなることが，網の取り去り実験（網あり/網なし）で明らかにされています．ササに発生する6種の捕食者のうちで，この網で捕食が妨げられる天敵が5種，網があるとむしろ捕食しやすくなる天敵が1種いるのです．前5種に対して網が大きな効果があったことから，その網の機能が天敵からの防護にあることが証明されたわけです．ただ，網のあるほうが捕食しやすい天敵であるエゾナガヒシダニにとっては，この網がむしろ餌探索の手がかりになっているのではないかと思われます．ある方法で大方はうまくいっても，その裏をかくようなものが生まれるのも，生物の共進化（競い合うように進化すること）というものなのでしょう．

　また，卵に直接かけられた網が捕食を免れる機能をもつことも，チッテンデンさんがイトマキハダニで証明しています（前出）．扁平な卵を網で覆ってさらに葉面に見せかけることで，捕食者をやり過ごすという機能をもっているようです．

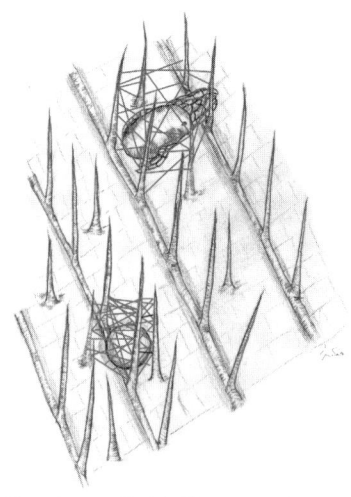

図 2-14 ヒメササハダニがササの葉毛を利用してつくる個室型網 　　下はメスが産んだ卵にかける網．上は若虫が自分でつくった個室網の中で静止している様子．

　堅牢な巣網をつくり社会生活をおくるスゴモリハダニ類については，先に糞と網のところ（2-2節）で紹介しましたが，このグループの巣網がなんのためにつくられているのかについては触れませんでした．この巣網も天敵からの防護機能をもつことが実証されています．

　スゴモリハダニ類は，日本から5種が知られていますが，そのうちササ・タケに寄生する4種では，つくる巣網のサイズがそれぞれ異なっています．ヒメスゴモリはいちばん小さい巣を，前出のケナガスゴモリは最大の巣を，ササスゴモリとタケスゴモリは両者の中間的なサイズの巣（ただし，タケスゴモリの巣 > ササスゴモリの巣）をつくります（Box 2-3）．実はこの巣のサイズの違いが，これら4種を区別する大きな手がかりでもあるのです．なぜ，巣サイズに種間変異があるのか，それが巣網の機能に深く関係していることを森光太郎さんが明らかにしています．

　スゴモリハダニが寄主としているクマイザサの葉には，同時にさまざまな種のハダニと天敵が生息しています．天敵の多くはこの植物からだけ見つかるもので，この生息場所にいるハダニ類に多かれ少なか

2-7 巣網の防護機能

れ関係する天敵だと考えられています．しかも，それぞれの天敵種の餌となるハダニ類の種が異なっている（先のヒメササハダニに対するエゾナガヒシダニのように）ことが明らかになりつつあります．この天敵たちのもつ餌ハダニに対する特異性が，ここまで述べてきたWN型の巣網やCW網への適応と深く結びついているようなのです．

それを知るために，森さんはスゴモリハダニ4種の巣網を人為的に

Box 2-3　巣のサイズの測り方

　ササの葉裏には，大きく盛り上がった主脈や，展葉の途中にできた微妙なへこみがあって，種によってどこに巣をつくるかが，大体そのへこみの形状によって決まっている．そうすると，くぼみの深さや形によって巣のサイズが変化する可能性があり，実際まだスゴモリハダニが1種（タケスゴモリハダニ）だと考えられていた頃は，巣のサイズ変異はこの「どこに巣をつくるか」によって起こっていると考えられていた．それが種の違いによっていることを明らかにしたのは高橋健一さんである．したがって，スゴモリハダニそれぞれの種がつくる巣のサイズを正確に調べるのには，少なくとも巣をつくらせる葉の条件を均一にする必要がある．図2-15に示した巣サイズのデータは，この問題を解決するためにササの葉裏に一定の深さでかつ底が90°になるような人為的へこみをつくって，そこに1メスを放し，24時間巣をつくらせて，それを測った（巣の長径×短径）ものである．

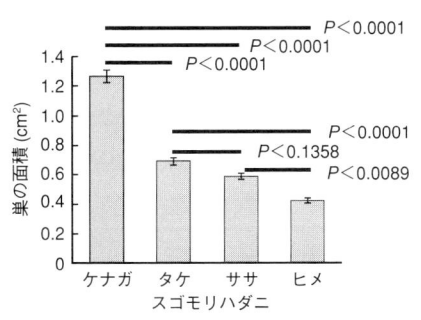

（棒グラフ：巣の面積 (cm^2) ケナガ約1.25, タケ約0.7, ササ約0.6, ヒメ約0.4　スゴモリハダニ）

$P<0.0001$
$P<0.0001$
$P<0.0001$
$P<0.0001$
$P<0.1358$
$P<0.0089$

図2-15　同じ葉の条件下で，4種のスゴモリハダニメス各1匹が，24時間でつくった巣網の面積　Pは，棒線で示したデータの間に差があるとした場合に，誤る確率（値が十分小さければ差がある）．森光太郎氏の図を改変．

除去して，その卵を食べることができる天敵について調べてみました．その結果，クマイザサに発生する5種の捕食性天敵全てが，スゴモリハダニ4種の卵を同じように捕食することがわかったのです．ところが，網を取らずに同様の実験をしたところ，巣のサイズが大きいケナガスゴモリでは4種の捕食者に卵を食われてしまいましたが，小さな巣をつくるササスゴモリやヒメスゴモリでは，2種の天敵しかそれらの卵を捕食することができませんでした．つまり，小さい巣網は3種の天敵から免れる防護網として機能していたのですが，大きな巣では1種の天敵にしか防護効果がなかったということです．この実験は，同時にどの種の巣網も多かれ少なかれ天敵からの防護物として機能していたことも示しています．

　小さい巣網がより高い防護機能をもっているというこの結果から，なぜケナガスゴモリが大きな巣網をつくるのかという疑問が生まれます．この疑問を解く鍵が実は社会性にありました．共同生活を営み，トイレを決め，巣内を掃除するケナガスゴモリには，巣を捕食者から共同防衛するという行動が進化していたのです．この防衛行動という面から巣網を見てみましょう．巣網のサイズはその巣に生息する個体数に深く関わっています．これは大きな建物なら多くの人を収容できるという自明のことからきています．大きな巣であれば，そこで定住して大家族を形成することになります．それは，巣の防衛に多くの個体が参加できるということを意味します．つまり，大きな巣では防護ではなく，集団防衛を戦略としているのだということが，明らかになったのです．

　森さんの結論をまとめれば，スゴモリハダニ類には巣網をめぐって，2つの相反する対捕食者戦略が存在するということです．小さい巣をつくり中の個体を防護する戦略と，大きな巣をつくり集団で防衛する戦略なのです．前者は鉄壁の防護で，後者は孫子に「衆寡敵せず」とあるように，衆（数）をたのんで天敵の圧力をはねのけようとしていたのです．しかも，数理モデルによる解析から，中間的な巣サイズはこの2つの戦略よりも劣ることがわかってきました．それが示唆

2-7 巣網の防護機能

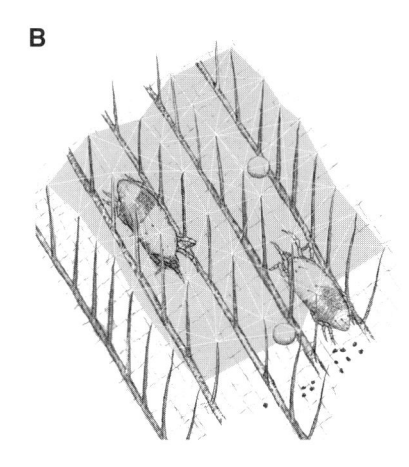

図 2-16 中国のタケの一種から見いだされたジュウレツハダニ（仮称，マタハダニ属の一種） A．写真の白い点は，タケの葉毛の先端である．ハダニの体幅が毛の間隔とほぼ同じであることに注意．B．Aの写真をもとに描いた．

しているのは，スゴモリハダニ属の祖先種が複数の天敵に対抗して巣網サイズを大きく，また小さくなる方向に変化させた結果，スゴモリハダニに種分化が起きたのだという可能性です．なお，ササスゴモリとヒメスゴモリあるいはタケスゴモリの間の巣サイズの変異にも，天敵が関係していることもわかってきましたが，ここでは省略します．

造巣性のハダニの話題の最後に，まだその役割がわからないのですが，中国で最近見つかったマタハダニ（*Schizotetranychus*）属のハダニがつくる奇妙な網について紹介しましょう．このハダニは葉毛の生えている間隔がメス成虫がＵターンするのも難しいくらい狭い，非常に葉毛密度の高いタケの一種に寄生しています．そのためか，このハダニは他の近縁種に比べて極端に細長い胴体をもっています．それはともかく，この種はタケの葉毛を支柱にして，それらの先端部にシート状（天井にあたる）の網を張ります（図 2-16）．他の造巣性ハダニがくぼみや葉脈を利用して外界から閉じた巣をつくるのとは違い，このシート状の網は天井だけで，側面がありません．側面からの捕食者の攻撃は，叢立する葉毛によってさえぎることができるからでしょう

か．ともかく，この網がどういう機能をもっているのかは未知ですが，さまざまなハダニの生活型を見慣れた私の目にも，たいへん不思議なものに見えました．今後の研究が楽しみなものの1つです．

2-8 不規則網の防護機能

ナミハダニやカンザワハダニなどがつくるCW網（不規則立体網）が捕食者からの防護機能をもつことも古くから知られていました．マックマートリーさんとジョンソンさんは，いろいろな種のカブリダニがツメハダニ属のプニケ（*Oligonychus punicae*）というハダニの網に対して示す反応を調べた結果，チリカブリダニやオキシデンタリスカブリダニ（*Typhlodromus occidentalis*）は網に邪魔されることなくハダニを捕食できたのですが，ハイビスキカブリダニ（*Amblyseius hibisci*）は，網があると捕食が困難であることを示しました．また，シュミットさんは，ナミハダニのつくるCW型の網に対して，チリカブリダニがそれを目印（眼はないので「手がかり」が正確）にして餌を発見することを明らかにしました．これらは，カブリダニ類の捕食行動とハダニ類の不規則網の間に密接な関係があることを示唆したものです．

その後，さまざまな種のカブリダニがCW型の網にどう反応するかを調べたザベリスさんとベッカーさんは，網に入ってその中を自由に動き回ってハダニを捕食できるカブリダニの胴背毛（胴体の背面から生える毛）が共通して長いことから，1つの仮説に到達しました．それは，長い胴背毛がハダニの網の中を移動するうえで有利な形質になっているに違いないという背網配列（chaetotaxy）仮説です（図2-17）．私の経験からも，この仮説はおおむね妥当なように思います．それは，スゴモリハダニの網に入って捕食できるタケカブリダニの胴部背毛が長いこと，また日本に分布しナミハダニ類の重要な捕食者となっているケナガカブリダニもその名のとおり非常に長い胴背毛をもっているからです．そのメカニズムははっきりしていませんが，ザベリスさんによれば長い胴背毛で網を広げて活動空間を確保するためだ

2-8 不規則網の防護機能

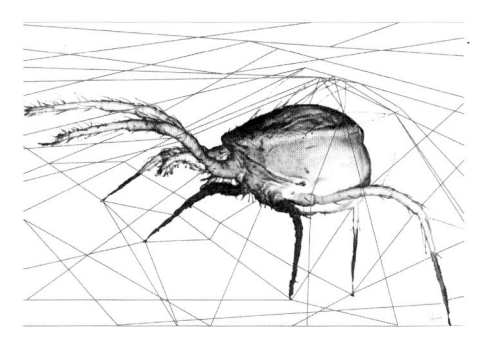

図 2-17 チリカブリダニがハダニの CW 型網の中を移動する様子の模式図（合成図）

と考えられるのだそうです（図 2-17）．ただ，逆毛になってしまうと困るように見えます．カブリダニはバック移動をしないのでしょうか（なお，昆虫ではバック移動ができるものはきわめてまれなのだそうです．3-4 節参照）．ともかく，それが適応進化的な理由から説明されるのか，系統的制約で説明されるのかは，まだ十分な検討がなされていません．前者であれば，ハダニのつくる糸/網がそれを捕食する天敵の形態にまで反映されていることになります．

また，カブリダニのような捕食者が CW 型あるいは WN 型の網を破ることができるのであれば，その捕食者は簡単に網を突破してハダニを捕食できるでしょう．実際，WN 型の巣をつくるペルセエ（*Oligonychus perseae*）というハダニの巣に，カブリダニの一種カリフォルニアカブリダニ（仮称，*Neoseiulus californicus*）が鋏角で網を破って侵入することが，最近報告されています．また，チリカブリダニが，CW 型のナミハダニの網の糸をどのように切って侵入するか，について下田武志さんたちが詳しく報告しています．さらに，カンザワハダニでは不規則立体網の上に産卵したり，身動きのできない静止期を網の上で過ごすことが，CW 網をものともしない天敵に対しても，それから免れる効果をもちそうだということも指摘されています（奥圭子さんたちによれば，天敵がいるとカンザワハダニでは静止期の個体が網上に多くなるという）．最近のこれらの報告は，ハダニの糸をめぐって展

開されている「食うものと食われるものの関係」が,尋常なものではないことを暗示しているようです.

2-9　種間競争の武器?

　網が葉の表裏,葉間レベルで,ハダニの種間競争に関わっている例も知られています.最近,ナミハダニ(CW型)がリンゴハダニ(網を形成しない.LW型)を駆逐するということが,刑部正博さんたちのグループによって実験および野外観察の双方で明らかにされています.それは,LW型のハダニがCW型の網によって活動が阻害され,死亡率が上がるために,一緒にすむことができなくなることによっているのだそうです.このような現象は,リンゴ園において,春にはリンゴハダニが,季節の後半にはナミハダニが多いという経験的な観察,あるいはリンゴハダニがナミハダニに置き換わってきた,という農家の経験などとよく一致しています.

　なぜリンゴハダニはナミハダニのCW網によって行動が阻害されるのか,そのメカニズムについて,ハダニの歩行器の構造と糸や網の関係から類推することができます.図2-18はハダニの歩行器(その構造の起源から爪間体と呼びます)を示しています.ミカンハダニやリンゴハダニの歩行器は基本的に1本の大きな爪であり,ナミハダニのそれは3対の刷毛状(櫛状)の毛です.この歩行器構造の意味は,クモで知られている事象との比較から推定できます.餌捕獲のために円網などをつくって,基本的に糸/網上を移動することが多い種類(オニグモとかコガネグモなど)の歩行器は櫛状ですが,地上を歩行するコモリグモなど,網上をほとんど移動しないグループの歩行器は,爪状になっているのです.同じように考えると,葉面をしっかりつかんで移動するLW型のハダニ(網は形成しない)の歩行器は発達した爪であり,ナミハダニのように網の上を主に移動するハダニのそれは櫛状(刷毛状)になっているのです.そうであれば,もともと前者は網の上を歩くことが苦手ということが考えられます.弓状にカールした爪

2-9 種間競争の武器？ 73

で網の上を移動するのは，爪に糸が引っ掛かって自由が効かないと想像されます(図2-18)．一方，刷毛状に広がった毛はでたらめに張られた網の糸を挟むのに都合が良いでしょう．また先端が糸に引っ掛かって歩きにくくなるということもなさそうです(抜き差しが容易．図2-18)．つまり，CW型のハダニはその歩行器の形態からして，網の上をスムースに移動するのに適し，LW型ハダニは葉の表面をスムースに移動するのに適した歩行器を備えていると考えられるのです．こ

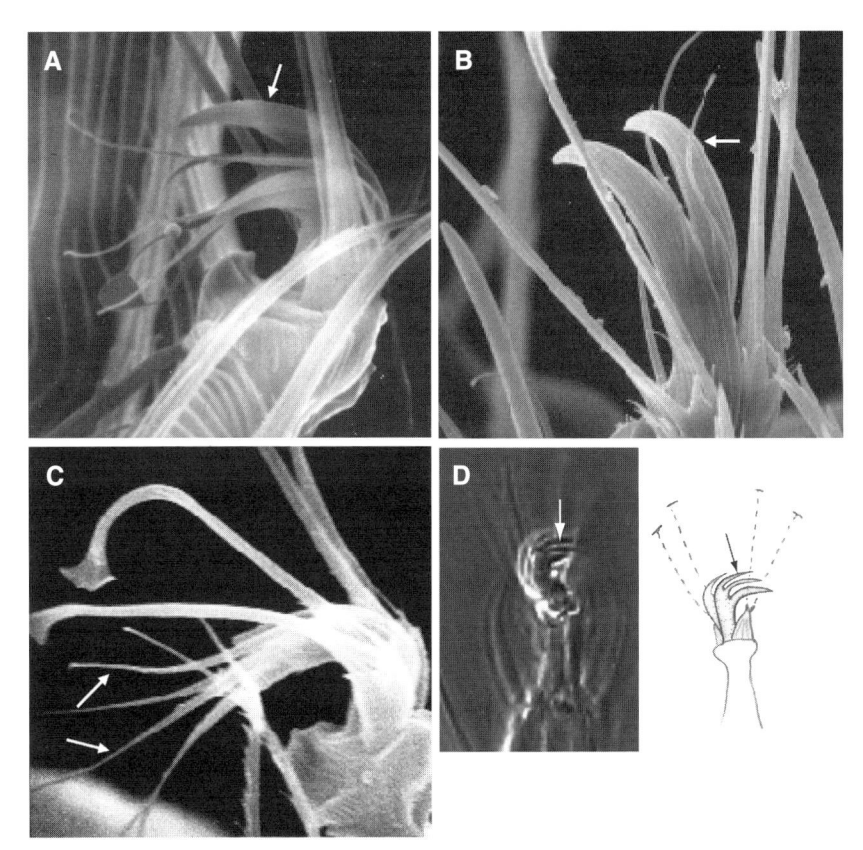

図2-18　4種のハダニの歩行器の構造　　矢印が爪間体(歩行器)である．光学顕微鏡写真．**A**. クワオオハダニ．**B**. ケナガスゴモリハダニ．**C**. ナミハダニ．**D**. シイノキハダニ．

う考えると，前者が葉面に速やかに網を形成して集合生活をする理由，また後者が自分で出した網を避けるように散開して生活している理由も納得がいきます．ハダニの生活がいかに糸や網に深く関わっているのか，それを如実に示すものと言えるでしょう．

　それなら，WN型のハダニでは歩行器の構造はどうなっているのでしょうか．この生活型をもつ種では，巣の中では葉の表面移動です．ただしカシノキハダニのように排泄のときに巣網の屋根に上がる種は，葉面と網面の両方を移動するというやや複雑な状況におかれています．それでは，先のLWとCWで見た歩行器の構造がこのグループではどうなっているのかを見てみましょう．図2-18に，カシノキハダニ（巣網に糞を出す）の歩行器とケナガスゴモリ（葉面に糞をまとめる）の歩行器も示しました．これら2種は歩行器がともに2対の爪状の構造という点ではよく似ていますが，ケナガスゴモリでは完全な1対の爪，シイノキハダニは3対のやや太めの櫛状構造（ただし最も腹側の毛は爪に近い）をもっているのです．つまり，爪＝葉面移動，櫛＝網上移動という関係が，シイノキハダニにLWとCWの折衷型の歩行器構造を生み出したように見えます．ただし，これらは構造と機能についてクモで知られている関係からの類推にすぎません．今後，もっと科学的に歩行能力と歩行器の構造の関係を調べる必要があると考えています．

　また，先に述べたリンゴハダニとナミハダニに見られた糸/網に対する適応能力を通じた競争が，自然界で進化というタイムスケールでどの程度重要なのか，つまりそれが生活型の進化にどの程度関わってきたのか，またどのくらい普遍的な現象なのか，それらも今後の大きな課題です．

2-10　コミュニケーションの手段としての糸

　最近，ナミハダニやカンザワハダニを使って，その紡ぎ出す糸が個体間のコミュニケーションにどのように関与しているのかという研究

が，何人もの研究者によって行われています．例えば，矢野修一さんは，ナミハダニで1匹のメスが枯れ始めた葉から移動をすると，そこにいた多くの個体が最初のメスの歩いた道をたどって，次々と移動することを報告しています．この行動が，結果として集団移動を引き起こします．しかし，移動するときに，ハダニが先達の残した糸をたどるのか，あるいは付着した化学物質をたどるのか，つまり「糸」という物理的な存在を通じてコミュニケーションしているのか，それとも先駆者メスが糸につけた化学物質（フェロモン）によっているのか，という点がもう1つ明らかではありません（なお，ごく最近，新免さんたちが天敵カブリダニがハダニの糸についた化学物質をたどることを明らかにしています）．ただ，こうした研究が，私がハダニの糸に注目してから30年もたって，ようやく衆目を集めるようになったことには，ある感慨をもっています．

2-11 副産物としての網

ところで構造物として人目を引くものに，ナミハダニやカンザワハダニなどが大発生したときの「天幕」状の網があります（図2-19）．街

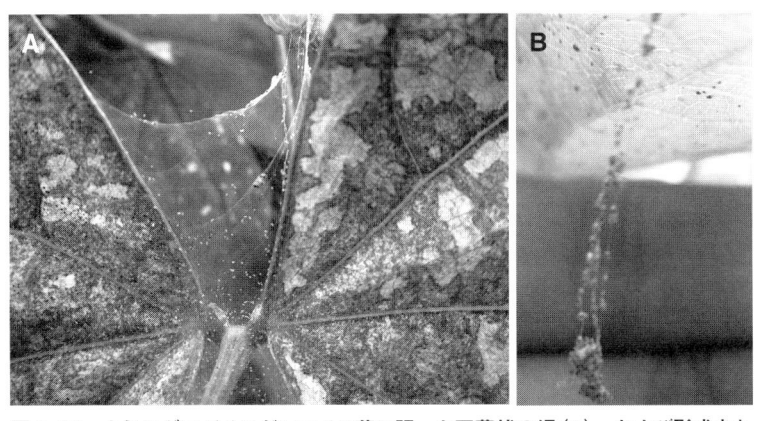

図2-19 ナミハダニがインゲンマメの葉に張った天幕状の網（A），および形成されつつある手鞠状のナミハダニの集合（B）　　（坂神たかねさん撮影）．

路樹や果樹全体を覆ってしまうように張られるガの幼虫，例えばテンマクケムシやアメリカシロヒトリの網と同じように思われがちです．ケムシの幼虫の張る天幕状の網は，そこで生息している幼虫を外敵から守る機能があると考えられますが，ナミハダニなどでは事情が少し異なってきます．葉面という単位での網であれば，先に紹介したように確かに天敵からの防護機能をもつ場合がありますが，我々が目にするのは，植物全体を覆い尽くすようなハダニの網です．その網が目につくようになったときには，すでに植物は枯死状態にあるので，そのような餌のない植物にとどまって密な網を張り，外敵から身を守る必要はないはずです．むしろこのナミハダニがつくる天幕状の網は，膨大な数に増えたハダニが餌を探してめいめい勝手に歩き回った結果，植物全体に蓄積したものと考えるべきでしょう（図2-19A）．そうであれば，このハダニが食べ尽くした植物に残していく網は，ハダニの歩くときにいつでも引いている糸の，副産物だということになります．

ただし，リンテアリウスハダニ（*Tetranychus lintearius*）は，植物がまだ十分に餌として利用可能な段階から大集団で密網を形成し，その網の中で生活するそうです（図2-20）．このような種では，網が防護物としてテンマクケムシのように使われている可能性が大きいでしょう（第6章参照）．ただ，残念ながらこの種はわが国には分布していませんので，私にはその網の機能解明は難しいことです．将来の課題とせざるをえません．

なお，これは余談ですがナミハダニがこのような天幕状の網をつくるようになると，その天幕の端には多数のハダニが自縄自縛となった手鞠状のものが形成されます．この手鞠を観察すると，それは無数のハダニが糸でからげられていて，さらにその表面をハダニが走り回っていることがわかります．そして，その手鞠はだんだん下のほうに伸びて，最後は地上に達します（図2-19B）．これをハダニが分散するためにつくる「構造物」だと考えている研究者がいるようですが，それはまずありえないと私は思います．なぜなら，それが形成される過程では無数と言ってよいハダニが網に閉じ込められて死んでしまうので

2-11 副産物としての網

図 2-20 *Tetranychus lintearius* がハリエニシダに張った天幕状の網（M.W. Sabelis 博士および M. Dicke 博士提供）　網の中に見える点は全てハダニである．

すから，その構造物をつくること自体が，個体の生存に関わる適応的行動であるわけがないのです．先に述べた天幕と同じように，1匹1匹が枯れた植物上で餌を探して糸を引きながら歩き回った結果，先端部にそのような構造物が副産物として生じるのだというべきです．もしハダニが分散したいのであれば，何もこのような構造物をつくって，その先端から風に乗ったり，あるいは地上に降りる必要などないのです．先のクリノツメハダニのように，めいめいで糸でぶら下がって風に乗るか，あるいは地上に落ちればすむことでしょう．だいたい，ごく微小なハダニが葉から地上に落下したとしても，彼らが重力による被害をうけることなどまずありえないのです．また，定着のときのように餌から遠ざかる不利益は，枯れた植物上では考えられません．これは機能（命綱）と結果（手鞠）を混同している困った例だと，私は考えます．

2-12　それ以外のダニの糸

　糸を出すことが知られている捕食性ハモリダニ，テングダニおよびオソイダニについて，その糸や網の機能についての研究はほとんどありません．ハモリダニの幼虫や若虫が，葉の脈などのくぼみに自ら繭状の網をかけて，その中で静止期に入ることが観察されています．この網はかなり密なものなので，動けない時期に天敵や雨風などから身を守る機能をもっていると考えられます．テングダニでも糸を出すことが知られています．今から半世紀以上前に，このダニが粗いテント状に糸を張って，それを餌の捕獲に使うということが報告されています．餌動物の接近を糸の振動で認知するのではないかと考えられますが，その行動の詳細は今にいたるまで未知のままです．

　また，同じく捕食者であるツメダニ類には，その生息場所に網をかけて，集団ですむ種がたくさん知られています．例えば，熱帯のイチジクや株立ちのタケの葉にすむモリツメダニは，葉面に密なマット状の網を敷き，その上で生活しています（これを巣マットと呼んでおきます）．また，そのマット上に産んだ卵にそれを覆うようにさらに粗な網をかけます．巣マットの機能については，森樊須さんたちの観察で，それが足場であることがわかっています．モリツメダニは，集団で巣マットを葉面につくった後で，マットの周囲に等間隔に並んで，触肢を外に向けて開いて静止します（図 2-21）．この集団がとっている姿勢は，それとは知らず巣に近づいてくる餌（ハダニやカブリダニ，そして大きいものではアザミウマやアブラムシ幼虫）を待っている罠だということがわかりました．何匹か並んでいるツメダニの1匹の触肢に餌動物の脚が触れると，瞬時にそれが閉じられてそれを挟み込んでしまいます．すると今までマットに並んでいた他の個体がたちまちその餌に集まってきて，おのおのでその餌動物の脚を触肢で挟み，口器を差し込んで餌の体液を吸い始めるのです．つまり，モリツメダニは集団で巣マット上で餌動物を待ち伏せし，1匹が捕まえた餌を集団で確保し，仲良くそれを食べるということです（餌捕獲の情報

2-12 それ以外のダニの糸

がマットを通じて他個体に伝達される可能性もあります).

　このような狩りをする動物は他にあまり例を見ないものですが，その話しは別の機会に譲りましょう．ここで話題にしたいのは，このダニが網を狩りの足場として使っていることです．モリツメダニのサイズは成虫で350 μm 内外と，餌となるハダニ成虫よりもだいぶ小さく，まして同じく餌になるアブラムシやアザミウマ幼虫と比べると，それは子犬がゾウを襲っているようなものです．もし巣網マットがないと，そのような大きな餌動物を捕まえた個体は，逃げる餌動物にもっていかれてしまうことがあるのです（実際に大きすぎるアブラムシの幼虫にかみついた不運な個体が，巣から遠く運ばれてしまった例を観察しています）．モリツメダニはマットにしっかりと後脚の先端を引っ掛けて，大きな餌動物に身体ごと持ち去られないように踏ん張っているのです．もちろんそんなに長いこと，持ちこたえられるわけで

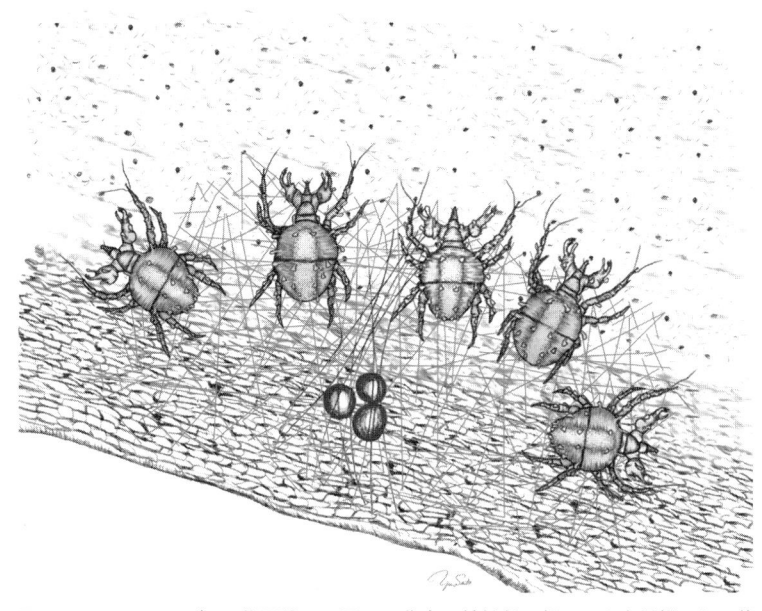

図 2-21　モリツメダニの集団狩りの図　葉裏の外縁部に網マットを足場にして待ち伏せしている．中央の丸いものは卵．

はありません．それを補う手段として，かみつくと同時に餌動物体内に毒液を注入し麻痺させているようです（餌動物が痙攣（けいれん）するのでそう推定できる）．また先に紹介した集団かみつきによって，しっかりと相手を捕まえることが，自分の身体より大きな餌を狩る秘訣のようです．ともかく，このツメダニでは，その狩りにとって巣マットは欠くことのできない足場として機能していること，またマットが多数の個体が待ち伏せ姿勢をとるための位置（マットの周囲）を定める目印ともなっているのだと言えるでしょう．

2-13 この章のおわりに

　ハダニおよび他のダニ類の糸/網について，そのトピックを紹介してきました．本書のタイトルを見て，このような小さな動物の糸や網についての内容が1章を形成していることに驚かれた方も多いでしょう．これまでならば，動物の糸の話しと言えばカイコとクモの話しが中心であり，他は付け足し程度にすぎないはずでした．その一点で読者の皆さんに意外性，あるいは驚きを感じていただければ，私の役割は終わったようなものです．実際に，第1章に見るようにクモの糸の研究者は世界中にいて遺伝子レベルでの研究も発展しています．また，カイコの糸はいうまでもなく人間社会になくてはならないものとして長い間研究されてきました．一方，ハダニの糸については生化学的な研究はほとんど無く，まして遺伝子レベルでの研究もほとんどありません．したがって，それが社会に生かされたこともありません．しかし，最近のナノテクノロジーの発展は，$0.03\,\mu m = 30\,nm$（ナノメートル）という極細の糸を利用することを可能にするのではないでしょうか．その工業的価値についても今後注目されることがあれば，私の研究も「役に立たないだけのもの」ではなくなるかもしれません．

謝辞

　研究上さまざまなご指導，助言をいただいた故 島倉亭次郎先生，

2-13 この章のおわりに

故 森樊須先生，故 江原昭三先生，故 坂上昭一先生，笹川満廣先生，阿部永先生，ユリー・ジャーソンさん，モーリス・W. ザベリスさん，秋元信一さん，綿貫豊さん，上村佳孝さん，共同研究などでお世話になった高田壮則さん，佐原健さん，辻宣行さん，後藤哲雄さん，Zhang Yan-Xuan さん，Lin Jan-Zhen さん，高橋健一さん，上遠野富士夫さん，森光太郎さん，坂神たかねさん，アンソニー・R. チッテンデンさん，伊藤桂さん，佐藤幸恵さん，金澤美季さん，菊池（伊勢）あゆみさん，中尾弘志さん，小保方伸一さん，内田佳宏さん，そして，資料収集などでお世話いただいた加藤祐子さんおよび齋藤慶子さんに厚くお礼申し上げます．

3

昆虫の系統と糸利用の多様性

(吉澤和徳)

3-1 昆虫の系統進化

　糸を利用する昆虫はさまざまなグループにわたって見られ，それらの昆虫が紡ぎ出す糸は，彼らの生存や繁殖にあたって重要な役割を担っています．昆虫類は非常に多様化した生物の一群であり，昆虫の多様性を反映するように，糸の紡ぎ方や利用法も多種多様です．昆虫の仲間であるハチやチョウ，ガの仲間がどのように糸を紡ぎ，利用しているのかは4～6章で詳しく紹介されますが，この章では，昆虫全体を，糸の利用という観点からより広く眺めます．まずはじめに，昆虫の進化の歴史について概観したいと思います（図3-1）．

　昆虫は動物界，節足動物門，六脚亜門というグループに分類されている生物の総称です．六脚亜門はまず，内顎綱と昆虫綱に大きく分けられます．内顎綱には，トビムシ目，カマアシムシ目，コムシ目といった，無翅で小型の，人目につくことの少ない昆虫が含まれます．

　昆虫綱には，その他の全ての昆虫が含まれます．まず，系統樹のいちばん根元から，イシノミ目とシミ目が枝分かれします．これら2つのグループの昆虫は，内顎類の昆虫と同様，翅をもちませんし，見た目も似ています．しかし，大顎の構造の違いから，イシノミが系統樹のいちばん根元から分かれたグループで，シミは次に紹介する有翅昆虫により近い仲間であると考えられています．

3-1 昆虫の系統進化　　　　　　　　　　　　　　　　　　　　　　　　　83

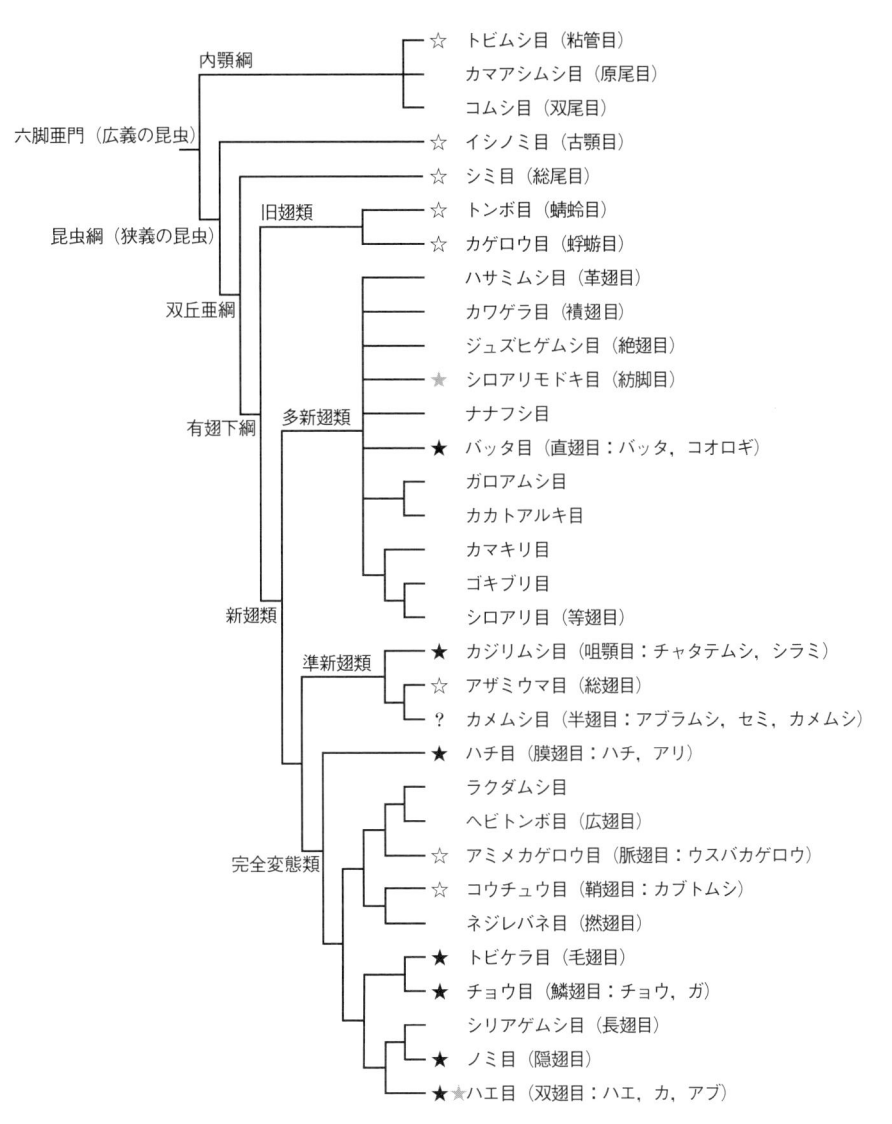

```
                                    ┌─ ☆ トビムシ目（粘管目）
                         ┌─ 内顎綱 ─┼─   カマアシムシ目（原尾目）
                         │          └─   コムシ目（双尾目）
  六脚亜門（広義の昆虫）─┤
                         │          ┌─ ☆ イシノミ目（古顎目）
                         │          │  ☆ シミ目（総尾目）
  昆虫綱（狭義の昆虫）   │          │          ┌─ ☆ トンボ目（蜻蛉目）
                         │          │  旧翅類 ─┤
                         │          │          └─ ☆ カゲロウ目（蜉蝣目）
                         │ 双丘亜綱 │          ┌─   ハサミムシ目（革翅目）
                         │          │          │    カワゲラ目（襀翅目）
                         │          │          │    ジュズヒゲムシ目（絶翅目）
                         │          │          │  ★ シロアリモドキ目（紡脚目）
                         │          │ 多新翅類 │    ナナフシ目
                         │ 有翅下綱 │          │  ★ バッタ目（直翅目：バッタ，コオロギ）
                         │          │          │    ガロアムシ目
                         │          │          │    カカトアルキ目
                         │          │          │    カマキリ目
                         │          │          │    ゴキブリ目
                         │          │ 新翅類   │    シロアリ目（等翅目）
                         │          │          │  ★ カジリムシ目（咀顎目：チャタテムシ，シラミ）
                         │          │ 準新翅類 ┤  ☆ アザミウマ目（総翅目）
                         │          │          └ ? カメムシ目（半翅目：アブラムシ，セミ，カメムシ）
                         │          │          ┌ ★ ハチ目（膜翅目：ハチ，アリ）
                         │          │          │    ラクダムシ目
                         │          │          │    ヘビトンボ目（広翅目）
                         │          │ 完全変態類│  ☆ アミメカゲロウ目（脈翅目：ウスバカゲロウ）
                         │          │          │  ☆ コウチュウ目（鞘翅目：カブトムシ）
                         │          │          │    ネジレバネ目（撚翅目）
                         │          │          │  ★ トビケラ目（毛翅目）
                         │          │          │  ★ チョウ目（鱗翅目：チョウ，ガ）
                         │          │          │    シリアゲムシ目（長翅目）
                         │          │          │  ★ ノミ目（隠翅目）
                         │          │          └ ★☆ ハエ目（双翅目：ハエ，カ，アブ）
```

図 3-1　昆虫の系統樹　　複数の論文に基づいて，現在広く受け入れられている系統仮説を示した．星印はこれまでに糸を紡ぐことが知られている目を示し，☆ はおしりから糸を出すもの，★ は口から糸を出すもの，★ は脚から糸を出すものが含まれるを示す．カメムシ目では糸出し行動は知られているものの，糸を出す場所が特定されていないため ? で示した．

上に述べた以外の全ての昆虫は，2対の翅をもつ共通の祖先から進化してきたと考えられており，有翅下綱（有翅昆虫）と呼ばれるグループにまとめられます．有翅昆虫の系統樹のいちばん根元付近からは，トンボ目とカゲロウ目が枝分かれします．これら2つのグループがどのような関係にあるのか，十分にはわかっていません．これら2目が単系統群，旧翅類を構成するという考え，亜成虫のステージをもち，羽化後も脱皮をするカゲロウが有翅昆虫のいちばん根元から分かれたとする考え（翅の無い昆虫は成虫になってからも脱皮を行うから），そして精子をメスに直接ではなく，副生殖器という器官を通して間接的に受け渡すトンボが，有翅昆虫のいちばん根元から分かれたとする考え（翅の無い昆虫は間接的に精子の受け渡しを行う）があります．最近の分子のデータや頭部の形態学的研究からは，旧翅類の単系統性が支持される場合が多いようです．

　トンボとカゲロウを除く昆虫は，すべて新翅類と呼ばれるグループにまとめられます．新翅類は，旧翅類と違い，飛翔時以外は翅を体に沿わせるように折り畳むことができるという大きな特徴をもっています．この特徴は，翅を折り畳むことができない旧翅類に比べより進化した状態と考えられ，このことから新翅類に含まれる昆虫は全て共通の祖先から進化してきた（単系統群である）と考えられています．

　新翅類の系統樹のいちばん根元からは，多新翅類または直翅系昆虫と呼ばれる一群が枝分かれします．これらの昆虫がただ1つの共通の祖先から進化してきたのかどうかはまだ議論のあるところですが，ここでは最新の分子と形態による解析結果に基づき，共通の祖先から進化してきたとする系統樹を採用しました．多新翅類には，バッタ目（バッタやコオロギ），ナナフシ目，カマキリ目，ゴキブリ目，シロアリ目，ハサミムシ目，カワゲラ目など我々にもなじみの深い昆虫も含まれる一方，ガロアムシ目，カカトアルキ目，シロアリモドキ目，ジュズヒゲムシ目といった，ほとんどの人が見たことも聞いたことも無いような昆虫も含まれます．多新翅類の系統関係もあまりよくわかっておらず，カマキリ，ゴキブリ，シロアリが単系統群をつくること

と，ガロアムシとカカトアルキが単系統群をつくることが確実視されている以外，全く未解決の状態と言えます．

　残りの昆虫は，準新翅類と完全変態類に分けられます．準新翅類は，汁を吸うような口（またはそれへの移行状態）をもつことで特徴づけられる昆虫で，カジリムシ目（チャタテムシ，シラミ），アザミウマ目，カメムシ目（セミ，カメムシ，アブラムシなど半翅類）を含みます．アザミウマと半翅類は単系統群「節顎類」を構成します．

　完全変態類は幼虫と成虫の間に蛹の期間をもつことや，幼虫期に発達途中の翅が見られないことで特徴づけられる単系統群で，非常に多様化した一群です．4〜6章で述べるチョウ目（チョウやガ）やハチ目（ハチやアリ）も完全変態昆虫に含まれます．そのほかにもコウチュウ目（甲虫類）やハエ目（ハエ，カ，アブの仲間）も完全変態の仲間です．完全変態昆虫の系統樹のいちばん根元からは，ハチ，アリの仲間が別れます．次に，甲虫，ネジレバネ目，アミメカゲロウ目（ウスバカゲロウなど），ヘビトンボ目，ラクダムシ目を含む単系統群が枝分かれし，残りの仲間が長翅群（シリアゲムシ目，ノミ目，ハエ目）と毛翅群（トビケラ目，チョウ目）に分けられます．

3-2　口から糸を出す昆虫

　ここまでは，昆虫を進化の歴史に沿って紹介してきました．次に，「糸の出し方」に注目し，昆虫による糸の利用を概観したいと思います．図3-1に，糸を紡ぐことが確認されている種を含む目を星印で示しました．糸を出す器官の位置が昆虫によってさまざまですので，それを口，おしり，脚の順に以下で説明します．

　口から糸を出すという方法は，糸を使う昆虫で最も広く見られるやり方です．多くの場合，下唇の唾液腺という器官が変形して，糸を出す役割を果たしています．ハチ，アリの仲間（ハチ目）とチョウ，ガの仲間（チョウ目）も口から糸を紡ぐ昆虫ですが，4〜6章で紹介されているので，ここでは省略します．

コロギス（バッタ目）

　バッタやコオロギの仲間は，不完全変態昆虫のなかでも最も大きなグループの1つですが，糸を出すグループはコロギスを含むコロギス上科に限定されます．

　日本にも分布するコロギス科は，その名のとおりコオロギとキリギリスの中間のような外観をした昆虫の一群です．コロギスの仲間は，糸を使って数枚の葉をつなぎ合わせ，その中に入れるような巣をつくります．コロギスは夜行性で，日中はこの巣の中に隠れて過ごします．

　同じコロギス上科に属する Anostostomatidae は，南アフリカやニュージーランドにのみ分布する，大型で奇妙な形をした一群です．砂に巣穴を掘り，その内壁を補強するために糸を利用します．

チャタテムシ（カジリムシ目）

　チャタテムシでは多くのグループで糸を出す行動が知られていますが，糸の役割はさまざまです．

　糸を使った巣は多くのグループで見られます（図3-2, 3-3）．巣の形態も，1個体で自分だけが入れるような小さな粗い巣を編むもの，2, 3個体で星型の巣を編むもの（図3-2），集団で大型の巣をつくるもの（図3-3）などさまざまです．いずれの場合も，巣は樹皮や岩，葉の表面など比較的平坦な場所につくられます．巣は，幼虫だけが利用する

図3-2　ホソチャタテ科 Stenopsocidae の一種 *Stenopsocus externus*　星型に編まれた巣．

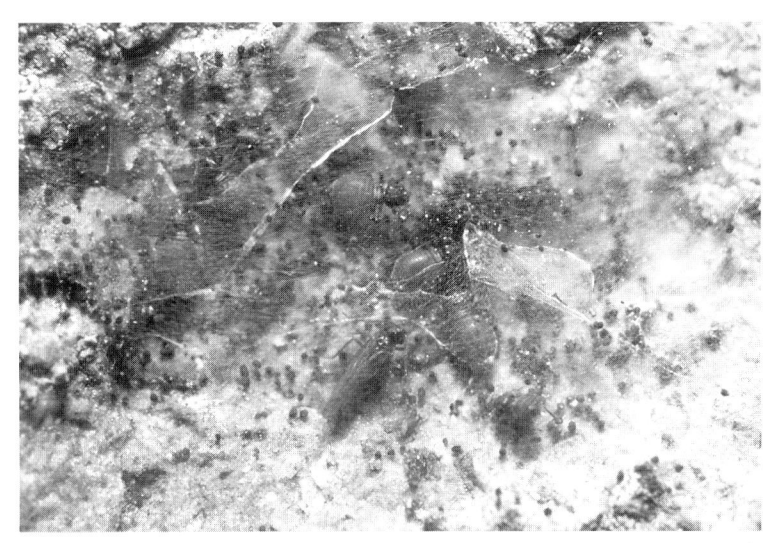

図 3-3　モリチャタテ科 Elipsocidae の一種 *Reuterella helvimacula*　比較的密に編まれた巣に，成虫幼虫が集団で生活する．無翅のメス成虫と有翅のオス成虫．

場合と，成虫幼虫とも利用する場合があります．成虫も巣の中で生活する場合，巣の狭い隙間生活への適応から，体が平たくなったり，成虫が翅を無くしたグループも見られます．ムカシチャタテ科（Archipsocidae）では，糸で大木を覆い尽くすほどのシート状の幕をつくり，その下で多数の成虫と幼虫が一緒に，亜社会性の生活をします．ムカシチャタテは，巣の中で生活環のほとんど全てを過ごし，複数の世代が同居します．これにより，巣づくりをしないものと比較して親子関係がより密接になり，それが亜社会性への進化をもたらしたと考えられています．

　また糸は，卵を覆い隠すためにも広く使われています．この場合でも，卵塊を糸で覆うもの，卵を糞で塗り固めたあと糸をかけるもの，さらには，葉の間に張った糸の上に卵を産むものなどさまざまです．

ノミ目

　ノミは鳥や哺乳類に取り付き，血液を餌とする寄生性の昆虫として

知られますが，幼虫は宿主となる動物に直接は取り付くことなく，宿主の巣の中などで，宿主のフケやノミの成虫の糞などを摂食して生活しています．そして蛹化の際，下唇から糸を出し，薄い繭をつくります．繭の表面は，まるでゴマをまぶしたようにゴミで覆われています．

ユスリカとブユ（ハエ目）

　ユスリカとブユは，どちらもユスリカ上科に分類される近縁な昆虫です．どちらも幼虫が水生で，糸を出します．

　ユスリカは流水・止水どちらの水域にも生息し，一部の亜科や肉食性の数種を除き，多くの幼虫が細かな砂や木の葉の屑などを糸で綴ったチューブ状のケースをつくります．ごく粗く編まれたチューブをつくるものから，トビケラの幼虫によく似たケースをつくるものまでさまざまです．

　一方ブユの幼虫は，流水中の石の表面などに糸でパッチ状の網を張り，それに腹部末端の細かなかぎ爪を引っ掛け，体を固定させます．もしかぎ爪が外れ，流された場合にも，粘着性の糸を出し，それを使って体を固定できる場所に戻ります．

ヒカリキノコバエ（ハエ目）

　ヒカリキノコバエ属は，キノコバエ科の一群です．オーストラリアとニュージーランドに分布し，幼虫は洞窟に生息しています．ハエとついていますが，むしろ先に紹介したユスリカなどに近い仲間です．英語では glow worm と呼ばれ，和名，英名が示すとおり，幼虫が発光するとても変わったカです．

　この発光するという性質は，糸の利用とも強く関わります．幼虫は洞窟の天井に生息し，そこから粘液のついた糸をたらします．そして，自分の体から発せられる光に寄ってきた虫を，この粘着性の糸で捕らえ，餌にします．粘着性の糸で虫を捕らえる点はクモに似ていますが，光で虫をおびき寄せる点は，むしろクモよりも手の込んだやり

方と言えるかもしれません．

　糸を利用する双翅類を2つここでは紹介しましたが，双翅類では他に，あとで説明するオドリバエの仲間が脚から糸を出します．

トビケラ目

　トビケラの糸の出し方は，チョウやガの仲間とほぼ同じで，ほぼ全ての種の幼虫が下唇の絹糸腺から出した糸を利用します．また全ての種が蛹になる際，糸を使って繭をつくります (6-9節参照)．

　トビケラの幼虫は，ごく一部の陸生と海生のものを除き，ほぼ全ての種が淡水生です．エグリトビケラ亜目に属する種は，糸を使って砂粒や落ち葉などを綴り，携帯巣または筒巣と呼ばれる，ミノムシの蓑のような移動できる巣をつくります．幼虫はこの中に入り，巣から頭胸部だけを出して移動や摂食を行います．つくり出される巣の形や用いられる巣材は極めて多様性に富んでいます．ナガレトビケラ亜目の種も多くがこのような携行性の巣をつくりますが，ヒメトビケラ科では終齢幼虫のみが巣をつくります．またナガレトビケラ科の種は例外的に巣づくりを行わず自由生活を行い，他の水生昆虫を捕食します．

　一方シマトビケラ亜目に属する種では，このような携行性の巣はつくらず，石などに固定された固着性の巣をつくります．固着巣と合わせ捕獲網をつくり，流れに乗ってきた有機物をこの網でこし取り，餌とします．

3-3　おしりから糸を出す昆虫

トビムシ目，イシノミ目，シミ目

　これら「無翅昆虫」と呼ばれる原始的な昆虫は，いずれも精子の受け渡しに糸を利用します．翅をもつ，より進化した昆虫は，精子を直接メスに渡し，受精させますが，これら原始的な昆虫では，「間接受精」と呼ばれる方法で精子を受け渡します．

　トビムシの仲間は，糸の先端に精子の入った袋のついた精包を地表

に置き，それをメスが腹部の末端で拾い上げることにより受精が成立します．メスの周りを取り囲むように精包を並べたり，触角でメスをつかんで精包まで誘導するなど，さまざまな行動が知られています．いずれの場合でも，精包を地面に置く，という点は共通です．

　同じ間接受精を行う昆虫でも，イシノミやシミの行動はより洗練されています．オスは腹部の末端から糸を出し，その端を岩や樹の皮の表面にくっつけて引き伸ばし，伸ばされた糸の真ん中あたりに，精包を付着させます．オスはメスと婚姻ダンスを踊り，メスの腹部末端を精包の所に誘導します．うまくいくと，メスはその精包を取り込み，受精に成功することになります．

サナエトンボ（トンボ目）

　流水に生息するアフリカ産のサナエトンボ科の一種の卵の後端には，糸状の構造物が固く巻き取られたような状態でくっついていることが報告されています．この糸状の構造物は水に触れることにより広がるので，おそらく水中の植物などに絡み付き，流水中で卵が流されないようにする役割があるものと考えられています．同様の構造をもつ別の種を用いた実験では，この糸状の構造は生理食塩水中では展開せず，淡水に触れることで展開することも知られているため，糸の展開には浸透圧が関係しているものと考えられます．なお，卵に糸状の構造が付着することから，「おしりから糸を出す昆虫」として紹介しましたが，この糸の分泌腺はまだ調べられていません．日本産の種でも，同じくサナエトンボ科のウチワヤンマで類似した糸状の構造が知られていますが，ウチワヤンマは止水性のトンボです．

シロイロカゲロウなど（カゲロウ目）

　幼虫が水生のカゲロウでも，トンボと同様，一部の急流性の種で，先に述べたような糸状の構造をもつ卵が知られています．

　またシロイロカゲロウ科（Polymitarcyidae）の幼虫でも糸を出す行動が知られています．シロイロカゲロウの仲間の幼虫は，水中に沈んだ

枯れ木にU字型の巣穴を掘り，その中で生活しています．鰓を使って巣穴に水を循環させ，流れに乗ってくる微小な食物を食べています．糸は，巣穴の内張りとして利用しています．

シマアザミウマなど（アザミウマ目）

　アザミウマは不完全変態昆虫ですが，完全変態昆虫の蛹同様，活動も摂食もせず，消化器系や筋肉相などの大きな変革を伴うステージを，2もしくは3齢経ます．穿孔亜目（アザミウマ亜目）のシマアザミウマ科とHeterothripidae（新世界にのみ分布）では，蛹化の際に繭をつくることが知られています．どちらのグループも主に花につきますが，Heterothripidaeにはツノゼミに近縁なAethalionidaeに外部寄生する種が知られています．この種も蛹化の際には，宿主の後翅で覆われた腹部の上に，平たい繭をつくります．

　またオーストラリア産の有管亜目（クダアザミウマ亜目）数属で，糸を利用した巣づくりも知られています．彼らはアカシアの葉を糸で綴り合わせたり，またテント状の構造を葉っぱの上につくったりします．摂食はこの巣の中で行い，時に数世代が同居することもあり，社会性をもつと報告されています．

ウスバカゲロウの仲間（アミメカゲロウ目）

　脈翅類（ウスバカゲロウ，ツノトンボ，クサカゲロウ，カマキリモドキなど）は，成虫と幼虫がそれぞれ別な方法で糸を利用します．

　成虫は産卵にあたって糸を利用します．クサカゲロウ，カマキリモドキ，ウスバカゲロウの仲間は，「ウドンゲの花」と呼ばれる，立ち上がった長い糸（卵柄）の先端に付着した卵を，数十個まとめて産みます．これは，卵を天敵に食べられるのと，肉食である幼虫が孵化した直後に共食いすることを防ぐ役割があると考えられます．この糸（柄）は，腹部末端のタンパク腺（colleterial gland）から分泌された粘液が硬化することによってつくられます．

　一方幼虫は蛹化にあたって，マルピギー管から紡ぎ出される糸を利

用して，繭をつくります．成虫での糸の利用は一部のグループに限られていたのに対し，脈翅類のほぼ全てで，蛹化の際に繭づくりをします．

ガムシ（コウチュウ目）

　ガムシ科に属するほとんどのグループで，糸を利用して卵を覆う行動が知られています．卵の覆いは，極薄いシート状のものから，覆った卵をメスが腹部につけて運ぶもの，さらに水面に浮かんだ帆掛け船状の卵嚢を形成するものまでさまざまです．この糸は，腹部末端の細長く伸びた gonocoxite と呼ばれる器官（腹部の付属肢に由来し，産卵管に相当する構造）の先端から出されます．日本産のガムシの場合，左右の gonocoxite を素早くしかし巧みに操ることで，帆掛け船状の見事な卵嚢を編み上げます．

3-4　脚から糸を出す昆虫

シロアリモドキ目

　シロアリモドキの仲間は，英語で webspinner と言います．まさに，「網を編む者」という意味です．その名のとおり，全ての種が肥大した前脚の跗節をもち，そこから出した糸で，筒状の巣のネットワークをつくります．両方の脚にそれぞれ数百もの絹糸線を備えることから，巣をつくり上げる速度は非常に速く，さらに1齢幼虫から成虫まで糸を紡ぐことができます．そのため，糸の利用の効率ではクモに匹敵するとも言われています．

　シロアリモドキの仲間には，細いトンネル生活に適応したいくつかの変わった特徴も見られます．まず，後ろ向きに歩くことができます．何気ないことのように思われるかもしれませんが，後ろ向きに歩くことのできる昆虫は，他にはほとんどいません．1個体がやっと通れる程度の細いトンネルで鉢合わせになったときに，この能力が役に立ちます．後ろ歩きと関連した特殊化として，翅が柔軟に折り曲がる

という点もあげられます．新翅類昆虫の翅は体に沿って後ろ方向に折り畳まれるので，前に歩くぶんには，狭い場所でも邪魔にはなりませんが，細いトンネルで後ろ向きに歩くと，翅の先端が引っ掛かってしまいます．もしシロアリモドキの翅脈が固く，翅に柔軟性が無ければ，翅が引っ掛かると動けなくなるか，逆に翅を傷めてしまいかねません．しかしシロアリモドキの翅の翅脈は普段は柔らかく，引っ掛かっても簡単に折れ曲がります．飛翔時には翅脈に体液を送り込み，その圧力で柔らかかった翅脈を固くし，飛翔します．

シロアリモドキにはもう1つ，亜社会性という際立った特徴が見られます．メスは卵塊および2齢までの若虫に寄り添い，保護します．この際，糸は卵塊を覆い隠すためにも使われます．シロアリモドキは，巣の中で生活環のほとんど全てを過ごし，複数の世代が同居します．これが親子の密接な関係をもたらし，やがて亜社会性へと進化したと考えられています．つまり，シロアリモドキの亜社会性も，ムカシチャタテの場合と同様，糸を利用することに強く関連した行動と言えます．

オドリバエ（ハエ目）

オドリバエは「ハエ」となっていますが，実際にはアブの一群で，その一部のグループでは，シロアリモドキ同様，肥大した前脚の跗節から出した糸を利用します．しかしその糸の利用法はシロアリモドキとは全く異なります．

糸を出す行動は，オドリバエ亜科の一部のグループに見られます．このグループでは求愛給餌と言って，交尾に際しオスがメスに獲物を渡す行動が見られます．求愛給餌行動の原始的な段階では，獲物はむき出しのままメスに贈られますが，より進化した段階になると，餌を糸で包んで贈ります．この行動は，もともとは獲物がもがくのを防ぐ役割があったと考えられています．餌のくるみ方は，粗くくるむものから，入念に包むものとさまざまな段階が見られます．さらに面白いことに，一部のグループでは餌の中身よりも，この糸の包装のほうが交

尾にあたってより重要な役割を果たすようになります．包装部分が餌よりはるかに大きくなったり，さらには餌は糸を紡ぐ起点としての役割しか果たさなくなったりします．この行動の進化の最終段階とも言えるフウセンオドリバエの仲間の場合，紡いだ糸でつくられた袋の中には餌も何も入っておらず，本来メスに対する栄養補給の意味があった贈り物が，完全に交尾のための信号刺激としての役割しかもたなくなってしまいます．

3-5 「出所」不明

Kahaono montana（カメムシ目）

　オーストラリアに固有のヨコバイの一種で糸を出すことがデイさんたちによって報告されています．これは非常に多様化したカメムシ目昆虫のなかで唯一，糸を出すことが知られている種です．本種による糸の利用が最初に報告されたのも1994年と比較的最近のことで，さらに糸が他の昆虫の糸同様のタンパク質繊維であることが確認されたのが2005年，さらにこの糸が実際に本種によって出されることが確認されたのは2011年になってからと，ごくごく最近のことになります．そのため，本稿執筆時点では，この糸がどこからどのように出されるのかについての報告はまだありません．本種は，ユーカリの木の裏に，葉っぱの半分を覆う程度の網を張り，その下で複数の成虫と幼虫がともに生活しています．網には，本種が出す甘露が乾燥したものやゴミなどが付着しています．ごく最近，この網には捕食者からの防御効果があることが確かめられています．

　糸と「関係」する半翅類昆虫として，ニューカレドニア産のウンカの仲間の一種（*Myndus chazeauxi*）も知られています．この種では，ココヤシの葉につくられた，小型の「フクログモ」のテント状の巣の中で過ごす様子が報告されています．自身が糸を出すわけではありませんが，非常に変わった糸の利用例として紹介しておきます．

3-6 糸を出すという行動の進化

　以上，昆虫の糸の多様性を駆け足で紹介しました．糸やその利用法の多様性だけではなく，それに付随した形態や行動の多様性も感じていただけたでしょうか．では最後に，ここまで見てきたさまざまな昆虫に見られる「糸を出す」という行動がどのように進化してきたのか？　最初に紹介した，昆虫の系統進化の歴史と照らし合わせながら見ていきたいと思います．

　まず同じグループの昆虫が出す糸でも，口と脚など別々の場所から出される場合（例えば双翅類のうち，前脚から出されるオドリバエの糸と，口から出されるグローワームの糸の場合），それらが別々に進化してきただろうということはすぐにおわかりいただけると思います．また同じおしりから糸を出していても，その糸の成分を分泌する場所が全く違う場合（分泌器官から出されるイシノミの糸，マルピギー管から出されるウスバカゲロウの幼虫の糸，付属肢由来の構造から出されるガムシの糸）も，それらの糸が別々に進化してきたことが容易に理解できます．

　少し困るのは，とてもよく似た糸が，とてもよく似た場所から紡ぎ出される場合の解釈です．例えば，シロアリモドキとオドリバエはどちらも前脚の跗節と呼ばれる構造のいちばん根元の節にある，よく似た組織（感覚器から変化したと考えられている）から糸が出されます．このような糸の進化を考える場合，系統樹に照らし合わせて考えるやり方が効果的です．まず，このようなよく似た糸の出し方が，シロアリモドキとオドリバエの共通の祖先でただ一度だけ進化したと考えてみましょう．図3-1のシロアリモドキとオドリバエ（双翅類）の枝をそれぞれ根元に向かってたどっていってみてください．それらが最初にぶつかる場所は新翅類の根元に当たり，ここがシロアリモドキとオドリバエの最後の共通祖先ということになります．さて，この共通祖先が，前脚の跗節の根元から糸を出すという性質をもっていたと考えます（図3-4）．すると，同じ祖先から進化した他の多くの新翅類昆虫

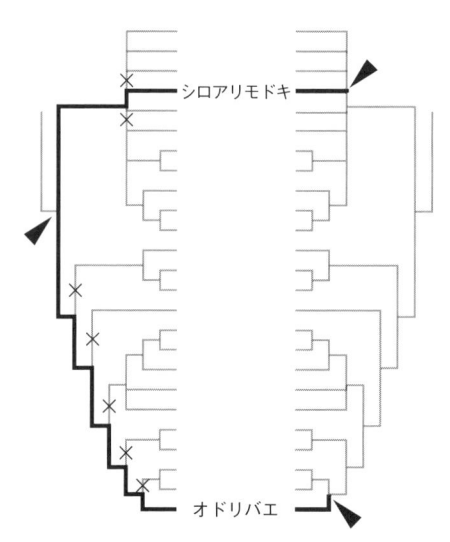

図3-4 脚から糸を出す性質の進化仮説　太線が「脚から糸を出す性質」を備えていると仮定した系統枝．もしシロアリモドキとオドリバエの共通祖先が脚から糸を出すという性質を備えていた場合（左図矢印），昆虫の進化の過程で，その性質が何度も何度も消失したと考える必要がある（左図×印）．一方，その性質がそれぞれのグループで独立して進化したと考えれば，2回の進化現象で説明ができる（右図矢印）．

は，もともと糸を出すという性質をもっていて，その糸を出すという性質が，何度も何度も消えてしまった，と考えなければなりません．一方，シロアリモドキとオドリバエでこの糸の出し方が別々に進化したと考えれば，2回の進化事象で説明でき，話はずっと簡単です．このような考え方は，最節約法と言い，系統樹に照らし合わせて進化を考えるときに広く使われている方法です．

　シロアリモドキとオドリバエは，系統的に非常に離れた昆虫同士でしたので，前脚から糸を出すという性質が独立に進化したということを理解するのは比較的容易でした．しかし，近縁なグループを比較する際には，このように一筋縄ではいかない場合もあります．例えば，イシノミとシミの場合，糸がこれらの共通祖先（つまり昆虫綱の共通祖先）で進化して有翅昆虫で失われたと考えるのと，イシノミとシミのそれぞれで独立に糸が進化したと考えるいずれもが2回の進化現象

3-6 糸を出すという行動の進化

で説明できてしまいます．しかし，イシノミとシミいずれもが，糸を利用した非常に複雑な精子受け渡し方法を用いていることや，また有翅の昆虫では直接受精という新たな精子受け渡し法を進化させていること（トンボでは副生殖器を介した間接受精ともみなせるが）などから，イシノミとシミの糸の利用は共通の祖先に由来し，直接受精の進化に伴い有翅昆虫で失われたと考えるのが妥当と言えます．イシノミとシミの糸も，さらに元をたどれば，トビムシに見られるより単純な精包と糸に由来するとも考えられます．

　口から糸を出すという性質はさまざまな昆虫に見られ，その進化的な解釈も一筋縄ではいきません．また，口から糸を出す昆虫の絹糸腺は，その多くが唾液腺が変形した器官で，機能の面からも非常によく似ています．これまで述べてきたように，単純に系統樹上で進化の回数を数えた場合，明らかにさまざまな系統で口から糸を出す行動が独立に進化したと考えたほうが理にかなっています．しかし，もともと唾液腺だった器官から糸を紡ぎ出すという状態が新しく進化するほうが，糸を出す器官が元の唾液腺に戻るのに比べ，より起こりにくいとする考え方もあります．このように，進化の回数を単純に数えるだけではなく，進化の起こりやすさまで考えた場合，いくつかのグループに見られる糸紡ぎ行動は，共通の起源をもつと考えたほうが良いかもしれません．

　既存の系統樹に基づいて糸利用の進化を論じるだけでなく，逆に糸の利用方法を系統進化を推定するデータとして用いることも行われてきました．例えば，トビケラとチョウ・ガの仲間は，古くから近縁な仲間と考えられており，その近縁性の証拠の1つとして，幼虫が口から糸を出すという点があげられてきました．もちろん，糸利用に基づく系統推定は万能ではありません．例えば，原始的なハチの幼虫は，チョウやガのイモムシにそっくりで，また口から糸を出します．そのため，ハチやアリの仲間は，チョウやガ，トビケラなどに近縁な仲間と長い間考えられてきました．しかし近年，遺伝子の情報に基づく系統解析が行われ，また体の細かい特徴を徹底的に調べあげた結果，ハ

チャやアリの仲間は，完全変態昆虫のなかでいちばん最初に枝分かれしたグループであるということがかなりはっきりと示されています．下唇から出した糸の利用は，チャタテムシ（完全変態昆虫の姉妹群である準新翅類のなかで，最も原始的な特徴をよく残したグループ）でも広く見られ，また完全変態昆虫の最も根元にもよく似た行動が見られることになります．そのため，幼虫が下唇から糸を出すという行動は，完全変態昆虫の共通の祖先がすでに備えていた状態で，さまざまな系統で糸を紡ぐという行動が消失した可能性も指摘されています．

　いずれにしても，糸の利用法や出し方の多様性から考えて，糸を出すという行動が，昆虫のなかで何度も独立に進化したことは間違いありません．この章や本書全体を通して，昆虫が出す繊維状のタンパク質を「糸」とひとくくりに呼んでいますが，それらの糸のもつ歴史的な背景は多種多様なのです．

謝辞
　オドリバエに関する情報は九州大学の三枝豊平名誉教授から，ガムシに関する情報は北海道大学昆虫体系教室の蓑島悠介さんからご教示いただきました．お礼申し上げます．

4
ハチと糸

(郷右近勝夫)

　有剣ハチ類（ハチ目のなかの1つのグループ）では，その生息環境を改変するための材料として，体から分泌される物質をさまざまに利用することが知られています．なかでも幼虫が口器付近にある紡糸口から紡ぎ出す糸は，チョウやガと同じように繭をつくる材料として重要なものです．また，第3章で紹介された一部の昆虫と同様に，母バチが紡ぐ糸も知られているのです．有剣ハチ類の糸は「どのような場面で出され，それはどのような機能」をもっているのでしょうか．

　大半の有剣ハチ類は，いろいろな場所にさまざまな方法で巣をつくり，雨風や強烈な太陽光そして寒さなどから子（幼生世代）を保護する精緻な営巣習性をもっている点で，他の昆虫（ただし，シロアリ，アザミウマ，チャタテムシなどを除く）と一線を画しています．さらに，これら物理化学的な生息環境からの保護だけにとどまらず，母バチが子のための餌の調達や捕食者，病気などの天敵からの回避など，私たち人間には思いもよらない生活様式を進化させています．有剣ハチ類のなかでも糸の利用法の多様性が高いカリバチの営巣習性進化を，坂上昭一さんの『ミツバチのたどったみち』を一部改変して表4-1に示しました．なお，表4-1の諸段階は，必ずしも系統発生上の直線的順序を示すものではありません．なぜなら，いずれの場合でも多くの類似した例が，分類学的に異なったいくつかのグループで独立に生じてきた（収斂進化した）と考えられているからです．

このような多様な営巣習性と関連させてハチの糸の利用法（例えば表 4-1 の繭型）を見ると，そこに密接な関係があります．それでは，以下にハチが「紡ぐ」糸であるシルクと，それを用いてつくる構造物およびその機能などについて，成虫世代と幼虫世代とに分けて紹介していくことにしましょう．

4-1 親が紡ぐ糸 —— 自活から子の保護

親が糸を紡ぐという行動は，クモやダニ類に見られ，また昆虫の世界でもかなり広く見られます（第 3 章）．ハチの成虫（親）の絹糸腺については，10 数年前にカンザス大学氷河昆虫博物館のメローさんによ

表 4-1　カリバチ類の営巣習性の 6 段階 [1]

段階	主要な種群	営巣習性			繭型[3]	営巣習性の順番[4]
		A. 獲物	B. 巣材	C. 育房		
段階-1	ツチバチ類, コッチバチ類 (*Scolia*, *Tiphila*)	コガネムシの幼虫	地中	閉鎖空間の利用	②	O
段階-2	ツヤアリバチ類 (*Metoca*)	ハンミョウの幼虫	寄主のすみかを利用	すみかをわずかに加工	?	O
段階-3	セナガアナバチ類 (*Ampulex*)	ゴキブリ	草の茎，樹皮の下など	閉鎖空間の利用（獲物を運搬し隠す）	?	V→O
段階-4	ベッコウバチ類 (Pompilidae)	クモ	地中，朽材，筒	自ら巣を掘る．孔の利用	①, ③	V→I→O
段階-5	ジガバチ，その他のアナバチ類 (*Ammophila*, Sphecoformis[2])	アオムシ，その他に 13 目以上の昆虫（幼虫，成虫），ただし，クモも含む	地中，朽材，筒など多岐にわたる	孔道の拡張．泥でつくる．いろいろな素材で間仕切りする	①,②,③,④,⑤	V→I→O I→V→O I→O→V
段階-6	ドロバチ類 (Eumenidae)	アオムシ	泥を素材として壺をつくる．泥で間仕切りする	泥でつくる．泥で孔を仕切る	②, ⑤	I→O→V

1) 坂上 1970 を基に作表した．
2) このグループからハナバチ類 (Apiformes) が出現した．ハナバチ類の幼虫の餌は全て花粉と花蜜である．
3) ①：卵型，②：長楕円体型，③：こん棒型，④：松茸型，⑤：絹傘（天蓋）型を表す．
4) O：産卵，V：獲物の確保，I：巣（育房）づくりを表す (Iwata 1942 による)．

4-1 親が紡ぐ糸 —— 自活から子の保護

って概説されています．その他，クロンバインとノードエンさんは，スリランカ産のギングチバチ科（表4-1の段階-5）のクロンバイニクス属（*Krombeinicus*）の一種 *K. nordenae* にもそれを見いだしています．これらのハチ類のなかで，ハチの成虫（以下，母バチと呼ぶ）が，絹糸腺からの分泌物質を使って幼虫の保育室としての育房を整形する種類として，メンハナバチ属とオオムカシハナバチ属（表4-1の段階-5）が知られていました．そして，その絹糸腺からの分泌物質は天然のポリエステル（ラミネエステル（laminester））であることがイスラエルのヘヘスさんたちによって明らかにされています（セロハン，後述）．また，バトラーさんはオオムカシハナバチ属の一種 *Colletes inaequalis* を人工巣に導入し，母バチの育房内壁の整形行動を直接観察して，腹部のデュフール腺からの分泌液を体を丸めて中舌でなめ取って，何度も塗り付けることを発見しました．この場合，糸を紡いでいるとするには，厳密な意味では抵抗がありますが，絹糸腺から出るねばねばを，「糸に紡がずに」粘着材料としているという意味で，糸類似のものだと考えられます．

　このような絹糸腺様の腺から出る分泌物のコーティング剤的利用は，4-2節で紹介するツムギアリの幼虫が出すのが「接着剤か糸か」という問題につながります（Box 4-1）．また，アシナガバチは巣材をかみ砕き，唾液に混ぜて巣をつくりますが，この唾液も糸？　となると，これは難しいところでしょう．本章では，特別の腺から出されるねばねばの糸類似物までを糸の利用のなかに含め，唾液はそれとは少々違うものとしておきます．

　マエダテバチ属（表4-1の段階-5）の仕切壁がえたいのしれない薄膜でつくられていることが，イギリスのスプーナーさんによってクロマエダテバチ（*Psenulus conlor*）の巣で報告され，薄膜の仕切壁と絹傘型の繭の細密画が添えられていました．しかし，この論文では薄膜の出所については何も書かれていません．一方，わが国で最初にマエダテバチ属の巣の仕切壁の観察が，岩田久二雄さんによってなされています．その論文で岩田さんは，「この膜には繭のように，中に絹糸が織

り込まれていないのである．それで私は母バチが口から出す，糊状のものでつくられたものであろうと想像する」と述べています．また，常木勝次さんは「獲物を綴る糸や室の隔壁に使う薄膜はクモの網を利用すると考えられる」と言及しています．わが国の生んだ世界的な蜂学者のお二人であっても，こと，マエダテバチ属に特有な仕切壁の正体を見破れなかったのでしょう．

　実は，この薄膜は「口から出す」のではなく，「クモの網を利用する」のでもなかったのです．マエダテバチ属の母バチは，腹部の真皮腺でシルクを分泌します．トックリバチ類（表4-1の段階-6）などは，泥玉をこねてとっくり型の育房をつくり，その中に産卵し幼虫の餌を入れて蓋をします．一方，朽木や竹筒などの空間を利用して，その中

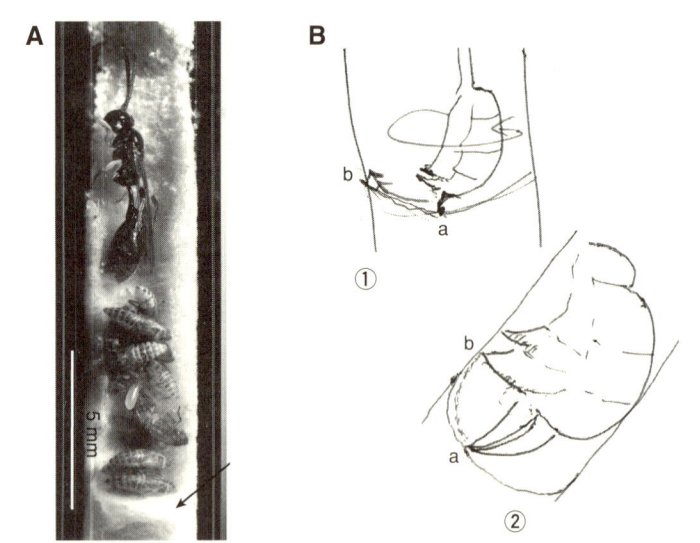

図4-1　キアシマエダテバチの巣内と母バチの絹糸による仕切壁づくり（ガラス管人工巣に営巣させた母バチの行動の直接観察による）　A．母バチが獲物であるウンカに1卵産みつけた後，孔道内で一時休止している．巣内の下方に白く見えるのが絹糸でつくられた仕切壁（矢印）．B．母バチの絹糸を紡いで仕切壁をつくる様子を初めて観察したときのスケッチ図．aは孔道の中心点，bは孔道の内壁壁面を示す．母バチは直立姿勢を保ったまま，尾端をa点からb点に向かってリズミカルに反復させる．さらに，a点を軸として反時計回りにわずかずつ位置をずらしながら反復行動を継続する（図①）．このとき母バチの尾端に眼を凝らすと，腹板の4と5節の部分がかすかに広がり，内壁壁面に強く押しつける動作が観察できた（図②）．

に育房を何個も連ねて巣づくりするハチでは，幼虫の共食いや天敵の侵入などを防ぐ意味でも，どうしても間仕切りをする必要があります．この間仕切りを「仕切壁」と呼びますが，その素材はハチの種類によって，泥，藁屑（わらくず），種子，砂粒，木屑，ピス（髄質粉），コケおよび樹脂など実に多彩にわたっています（複数の素材を組み合わせることもある）．これらはいずれも自然界にある素材で，母バチが親から受け継いだ習性に従って，構築します．ところが，マエダテバチ属では母バチが自ら分泌する絹糸で「仕切壁」を仕上げてしまうという，大変ユニークな習性をもっていたのです（図 4-1A）．

　これから紹介するキアシマエダテバチの巣づくり（図 4-1A）は，1988 年に島根大学の前田研究室の学部生であった西村光博さんの卒論テーマ「網室内ガラス管人工巣飼養」の指導助言で滞在したときの観察が基になっています．キアシマエダテバチの母バチは，巣孔の内壁に前・中の 4 肢で体を支えながら，リズミカルに後肢を内壁に当てる動作を反復します．この時点ではハチが何をしているのかは肉眼では全く見えません（おそらく，以後のコーティングの際のリード糸を張っているものと推定）．さらに 10 分ほど過ぎると，孔道の中心部から側壁へ向かって実にリズミカルに腹板をなすり付ける行動が観察されました．そして側壁へ達すると，わずかに体をひねりながら尾端を元の中心部へ戻します（図 4-1B）．この一連の行動をストップウォッチで計ってみたところ，1 回の工程に平均 8.2 回（$n = 44$）のなすり付け（以後，コーティングと呼ぶ）を反復し，その平均所要時間は 14.3 秒（$n = 42$）でした．また，1 つの仕切壁の完成には，1 時間 20 分かかりました．

　そのほか，母バチはもう 1 つの手の込んだ「糸紡ぎ」を行いました．それは，親メスの第 5 腹板の剛毛状突起（setiform spigots）（図 4-2A）から分泌され，クモの巣状に育房壁に張り付けられた極細の絹糸が，育房内での獲物（ウンカ類）や幼虫の位置保持に役立っているというものです．これは，キアシマエダテバチの絹糸による仕切壁の走査電子顕微鏡写真からも明らかです（図 4-2B）．この写真は 2,000 倍で撮影

したもので，1本の絹糸の太さは約 0.5 μm ですので，ナノのレベルの値を示すものでした．また，絹糸の太さもほぼ均一に紡がれていることから，前述した母バチのリズミカルな「なすり付け行動」（図 4-1B）が反映された結果だと思われます．

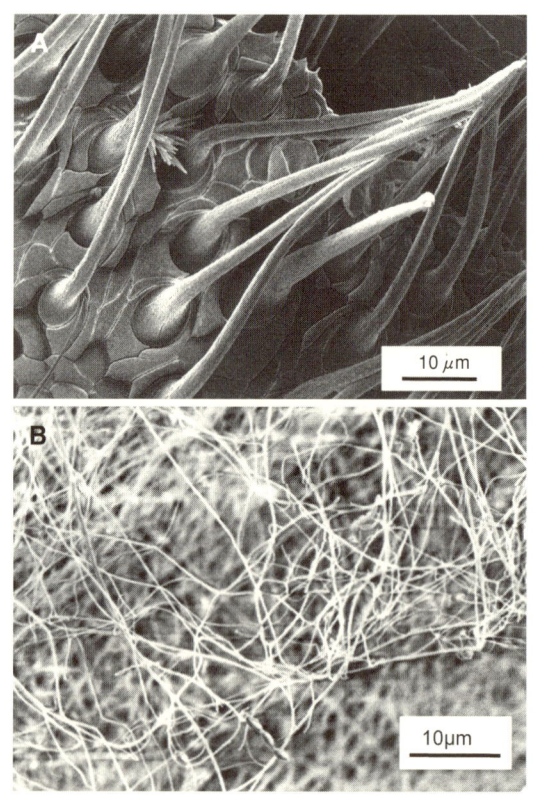

図 4-2　キアシマエダテバチの母バチの剛毛突起とそこから出される絹糸で織られた仕切壁の走査電子顕微鏡写真　　A．母バチの第 5 腹板の先端に帯状に分布する剛毛突起群．剛毛の根元にわずかなくぼみが認められることから，絹糸はおそらくここから出され，液状の絹糸が剛毛先端に伝わり極細の糸状として紡がれるのだろう．なお，この剛毛突起は種によってその密度や突起の形状がそれぞれ異なることがわかった．B．2,000 倍に拡大した絹糸の仕切壁の構造．極めて均一の太さ（約 0.5 μm）の絹糸が紡がれていて，所々で絡み合ってハンモック状の層状構造をなしているのがわかる．このような極細の絹糸を紡ぐためにも，腹板の剛毛の束が刷毛として一役買っているのであろう．

4-1 親が紡ぐ糸 —— 自活から子の保護

　唐突ですが，セロハン（cellophane；フランス語）は，ビスコースを原料とする再生セルロース膜で，透明で薄いシート状のもののことです．人間の社会ではセロハンはスイスの化学者ブランデンベルガーさんによって，1912 年に発明されました．その製法は，「木材パルプの繊維素（セルロース）を化学処理してビスコースにし，これを再び凝固再生する」というものです．今日私たちはポリ袋やラップ類など，透明な入れ物としての有機化学合成品をごく当然のように使用しています．それは「中身が透けて見える」，「液体がもれない」，「水蒸気を通す」，「臭いがつかない」などの利点があるため，現在では日常生活の必需品として，そのほかにもさまざまな商品のラッピングや工業製品の保護などに多用されています．

　このように大変便利な「透明な有機化合物」が大量生産されるようになったのは，1960 年代以降のことで，たかだか半世紀くらいしかたっていません．それにひきかえ，母バチが自己生成する類似の「天然のポリエステル」は，優に 1 億年も以前から天然合成（?）を行っていて，次世代の保育のための部屋づくりや巣内への外敵などの侵入を防止するための防護壁作成に利用されていたことは，驚きです．以下に，私自身が網室内のガラス管人工巣に半強制的に巣づくりさせた，ヨーロッパメンハナバチ（表 4-1 の段階-5）の母バチの育房作製行動の一部を述べます．

　私は今から約 30 年前に，アブラムシを狩るオオグシアリマキバチ（表 4-1 の段階-5）の網室内での人工巣による行動観察を行っていました．その際にふとメンハナバチ類の母バチはどんなテクニックでセロハン様の育室をつくるのかを，どうしても自分の眼で見たいという衝動に駆られました．その当時は，おそらく日本ではメンハナバチ類の育室作成行動を直接観察した研究者はいなかったと思われます．そこで一念発起して，オオグシアリマキバチの網室内にヨーロッパメンハナバチの母バチを 2 匹放し，ガラス管人工巣に強引に巣づくりをさせる実験を試みました．メンハナバチ類は大半が借孔性のため，オオグシアリマキバチが穿孔した孔道を与えて巣づくりを促したのです．な

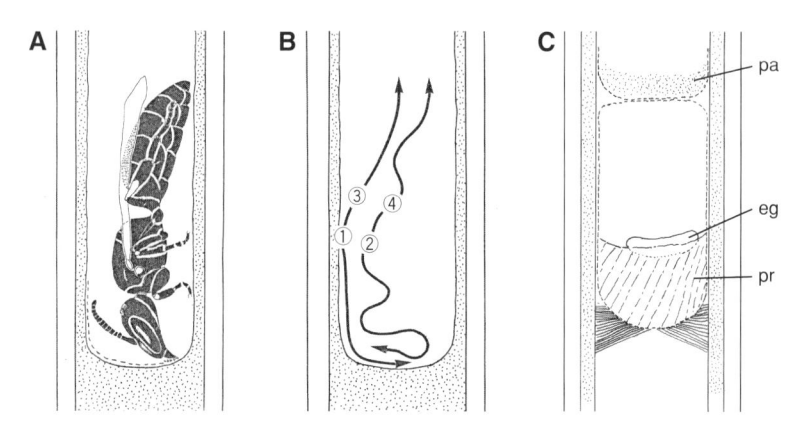

図 4-3　ヨーロッパメンハナバチの母バチによるセロハン様の育房づくり模式図
A. 倒立姿勢で孔道内壁に中舌を押し当てながら，セロハン様物質をコーティングする（点線は塗り付ける軌跡を示す）．B. 母バチのコーティング軌跡の順番．C. 育房の最底部に張られた絹糸の束．育房づくりのごく初期では，肉眼でかすかに捉えられる絹糸が紡がれていて，その内側にはセロハン様の膜状の構築物がコーティングされる．その餌の上に 1 個の卵（eg）を産み落とした後，あらかじめ余分の長さにコーティングしておいた上端を後脚で引き剥がし，その上面にあたかも巾着袋の口を閉じるかのように再びコーティングを施す．

　お，ここにあげたガラス管人工巣は前田泰生さんがツヤハナバチ類の巣内行動観察に用いたユニークな方法を踏襲しました．幸運にも，そのうちの 1 匹がガラス管人工巣に巣づくりを始める前段階のような行動が観察されました．とは言っても，この母バチの育房づくりを観察するのは初めてのことで，いつ，どんな方法であの透明な袋状の育房をつくり始めるのかは見当もつきません．仕方なしに，毎日定期的に網室を訪れては母バチのご機嫌を損なわないように，そっと，ガラス管の黒紙製カバーを押し下げて巣内を目視することにしました．ところがヨーロッパメンハナバチの母バチの育房づくりの時刻は，いつも決まっていて，およそ夕刻から早朝まで，という実に観察者泣かせの時間帯でした．夜を徹して観察した，この母バチの育房づくりを模式的に示したのが図 4-3 です．

　（1）母バチは，孔道底に向かって倒立姿勢で内壁に小さな扇形の中舌の先を押しつけるしぐさを繰り返します（図 4-3A）．この時点では

観察者には何も見えず，ただこの回数だけを記録しました．まるで，アンデルセンの『裸の王様』に登場する機織り職人の仕事場をガラス窓越しにのぞき見している心境でした．

　(2) しばらくすると，極細の糸が内壁から中央部に向かって，四方八方に紡がれているのが見え始めました．母バチは確かに口から糸（セロハン）を紡ぐのです（図4-3B）．なお，1個の育房カップ作製に要した時間は168〜215分でした．

　このようにして糸とセロハンで作製されたカップ状の育房に，翌日になって花から花蜜と花粉を1/3程度まで運び入れ (pr)，どろどろした液状の表面中央に1卵 (eg) を産みつけます（図4-3C）．その後，直ちにキャップ状の同質の蓋かけ (pa) を行って，1つの育房が完成します．糸だけではなく，糸と同じ材料で膜状物質（セロハン）をつくることで，親バチは見事に子の育房をつくり上げていたのでした．

　ドロバチの仲間のハチ（表4-1の段階-6）は，イモムシ狩りのスペシャリストです．その母バチは狩りの前に，「掟」として，まず子のための育房の準備に取りかかります．その育房は，(1) 土中に穴を掘る，(2) 泥玉で壺型や瓶型をこしらえる，(3) ありあわせの空間を利用する（筒や甲虫の脱出孔など）の3通りが知られていて，岩田さんはそれらの育房づくりに，掘坑型，築坑型および借坑型の3つの型があることを明らかにしました．いずれの型にせよ，母バチはこれらの育房が完成すると直ちに卵を1つ「産み落とす」．否，正確に表現すると「産みつり下げる」のです．私は，このつり下げ方式の産卵の全貌を明らかにするために，オオフタオビドロバチの母バチをガラス管人工巣へ営巣させました（図4-4）．その結果，産卵開始直後に母バチの尾端が開いて卵の先端が出てくる段階で，小さな液滴が付着していたのです．その状態で母バチはゆっくりと尾端を天井壁に押しつけ，次に腹部全体を下げることにより，卵は天井に極細の糸でつり下がるというわけです．

　参考までに，走査電子顕微鏡で眺めた接着部と，そこから伸びてい

る糸を図4-5に示します．この卵をつり下げる糸は1本で，形成過程からして当然，撚りは無く，その太さは約3μmでした．オオフタオビドロバチに限らずこの仲間のハチの卵の育房壁への固定とつり下げ糸は，母バチの腹部のいずれかの分泌腺で合成された「天然の瞬間接着剤」のようなものなのです．なぜ卵を糸でつり下げなけばいけないのでしょうか．同じような糸がウスバカゲロウの卵柄に見られ，その機能は捕食者や共食い回避だと考えられています（3-3節）．一方，捕食者の心配のないオオフタオビドロバチの場合，獲物を狩る前に卵を

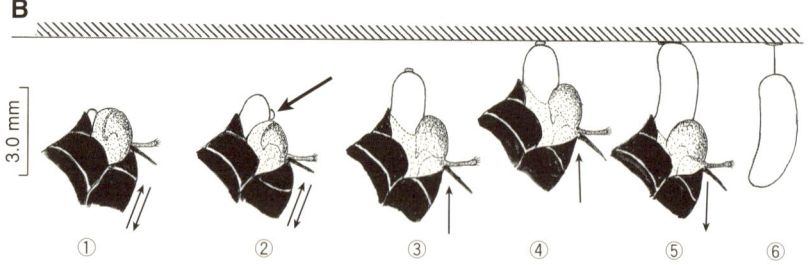

図4-4　オオフタオビドロバチのガラス管人工巣内での産卵と卵の接着　A．ガラス管人工巣内で背面姿勢を保ちながら，尾端の開口部から産み出しつつある卵の先端部を上部ガラス壁面に押し付ける寸前の状態を示す（図Bの③に対応）．右端は泥の仕切壁で，母バチはこの仕切壁から自身の腹部の長さほど離れた位置に卵をつり下げる．B．母バチは仰向けのまま静止し，尾端を大きく開くことで産卵を始める（①）．その際には腹端の4と5節を前後に微動させ（ポンピング行動），卵の頭端が開口部からのぞいた直後に，卵の表面に微小な液滴（太い矢印）が付着している（②）．このポンピング行動を何度も反復する間に液滴は卵の先端に移り，卵が尾端からほぼ半分のぞいたときに産卵管（毒針）が後方に反り返る（③）．それと連動して，腹部全体を天井壁面に持ち上げながら卵の先端を圧着させる（④）．ひと呼吸おいて，今度は腹部をスーッと下方に引き下げ（⑤），卵が尾端から離れると同時に，極細の糸で卵がつり下げられる（⑥）．

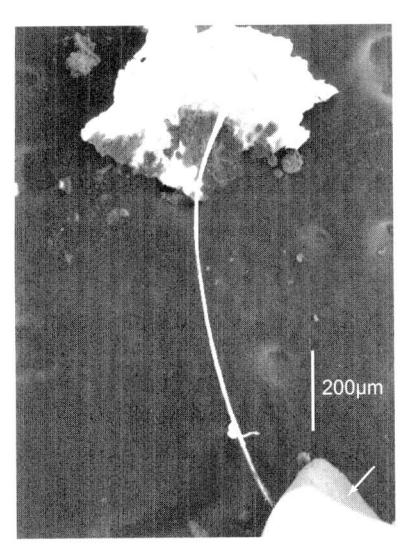

図4-5　オオフタオビドロバチの「卵のつり下げ糸」の走査電子顕微鏡写真　図の上方に不定形に見えるものは、営巣したヨシ筒内壁の薄皮である。その中心部に、図では不明瞭であるが、小さくリング状の液滴が接着されている。下方に卵殻の一部が見える（矢印）。この糸の太さはほぼ均一で約3μm、長さは約1.5mm前後。

産むことになったため、その卵を固着させるものがないので、仕方なしに育房の壁に卵をつり下げることになったのかもしれません。

4-2　親世代が幼虫の糸を利用 ── ツムギアリの糸

　アリ類はハチ目の一員で、全ての種が社会生活を営むことは広く知られています。また、アリ類はハチ類と同じく、幼虫世代に糸を紡いで繭をつくるものと紡がない2つのタイプがあり、繭をつくらないタイプにはツムギアリが知られています。ツムギアリは主に熱帯アジアに広く生息し、森林に限らず果樹園や公園などの樹木に巣をつくります（図4-6）。大きい巣になると、ラグビー・ボール大のものも珍しくありません。
　さて、第2章で齋藤さんはムシの出す「糸」の起源を「ねばねば」

に求めているようです．そして，ツムギアリの幼虫の出す物質は糸というよりも「接着剤にほかならないのでは」とも述べています．私は，ツムギアリの幼虫が出す物質は，ハチの幼虫が紡ぐ糸と同じく絹糸腺から分泌されるので立派な「糸」だと考えます．それでは，このツムギアリが幼虫の出す糸で葉っぱを「綴る」ユニークな方法を，ヘルドブラーとウィルソンさんの『蟻の自然誌』から要約して紹介しましょう．「働きアリたちは大顎で幼虫を軽くくわえ，葉っぱの両端に交互に動かします．すると幼虫はそれが刺激となり，口の下の微小な開

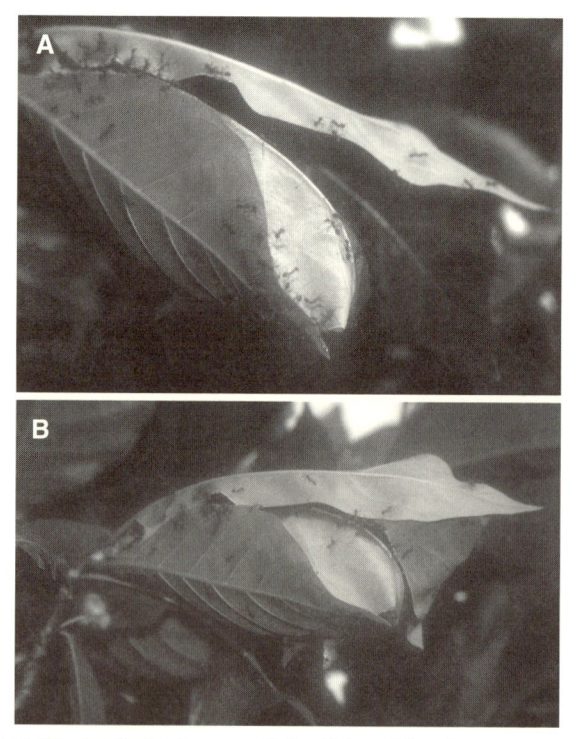

図4-6 ツムギアリの巣づくり　A．樹木の枝先の数枚の葉を綴り合わせて巣づくりをするツムギアリの一種．左上と右下に，それぞれ10匹前後の働きアリが集合し，2枚の葉を引っ張りあって「綴る」様子が見られる．B．その後，だいぶ時間が経過した巣．完成間近のようで，おのおのの葉はすでにチマキ状に綴られている．大きさは約20cm（2005年8月，インドネシアのクラカタウ諸島に隣接するセブ島で撮影）．

口部から絹糸を吐く」(編者注：たぶん吐いているのではない). このとき大変面白いことに, (1)「幼虫の体は硬直して動かない」, また, 葉を綴る際には, (2)「メトロノームのようにリズミカルに引っ張っては固める」そうです. そして大変興味深いことに, 山根正気さんと今森光彦さんによると,「巣づくりに糸を使うツムギアリは, 繭をつくらず, 蛹は裸である」そうです.

私は, ツムギアリが葉っぱを綴るこの行動の記述から, 気づいたことがあります. カイコのところで紹介されるカイコの絹糸は「一定のスピードで引っ張り出す」ことで糸が形成されるということと (Box 6-1参照), ツムギアリの幼虫がリズミカルに葉を糸で綴るということは, 同じなのではないかということです. このリズミカルな動きが, 糸を紡いでいることにほかならないのでしょう.

4-3　幼虫世代が紡ぐ糸 ── 繭は口ほどにものを言い

　有剣ハチ類の幼虫の多くは, シルクを紡ぎ, その糸によって繭をつくります. その繭の形に, 種によって多様性があることは, ファーブルさんによってすでに指摘されています. そこで, 最近, 奥本大三郎さん訳による『ファーブル昆虫記』のなかから, 繭の作製や構造についての記述のある種を拾って見たところ, オウシュウハナダカバチ, キゴシジガバチ, キバネアナバチ, ハデハナダカバチモドキ, フタスジツチバチ (以上はカリバチ類) およびマオウモンハナバチ, ミツバツツハナバチ (以上はハナバチ類) の7種でした. なお, 他に種名が特定でき繭の簡単な構造などが記述されているハチが14種ありました. そのほか, ハチの生態記録がある種で, 繭の記載があるまとまった文献としてはクロンバインさんたちのまとめた『アメリカと北メキシコのハチ目カタログ』があります. そのなかから私の専門とするアナバチ型ハチ類 (Spheciformes) (以下, アナバチ群と呼ぶ. 表4-1の段階-5) を拾い上げて見ると, 63種についての繭のごく簡単な記載が見つかりました. 繭についての記載は, このカタログのアナバチ群の生態既

知種の約14％（63種/438種）にすぎませんでした．また，エヴァンスさんは1966年以前までの世界のスナバチ類の生態研究を整理して『スナバチ類の比較進化生態学』にまとめています．そのなかでは，15属39種のスナバチ類の繭の詳しい比較研究の記述があります．これらの結果から見てもわかるように，繭の記載割合はほかの生態的記録に比べ，予想外に低いものでした．なお，参考までに，繭の形態による「種・属の検索」が記載されている例を Box 4-1 にまとめました．

　このようないろいろの種のハチの幼虫が糸を紡いでつくる繭を丹念に拾い集めて，その構造を比較することで，ハチの「生活スタイル」や生息環境への適応の工夫がなんとなく見えてくるように思われます．そのためには，幅広くいろいろな系統のハチの巣を暴き，1種でも多くの繭を手に入れることが不可欠です．これは言うのはやさしいことですが，いざ野外でさまざまなハチの巣を探しだすのは，気の遠くなるような歳月とこだわり―執拗な探求心―が必要とされます．このため，現代のような何ごとにも成果主義のはびこる風潮の世の中では，大変少なくなってしまった研究です．

　さて，私が30数年にわたり調べてきたハチの営巣生態の記録と文献とから，繭の形態・構造の記録を抽出し「ハチの繭」の分類（試案）を試みたものを以下にまとめます（表 4-1 も参照）．まず，ハチの幼虫（正確に表現すると老熟幼虫）には，糸を紡いで繭をつくるタイプ（完全繭形成）と，繭をつくらないタイプ（繭非形成）とがあることが古くから知られています．そのほかに，部分的に繭をつくるタイプ（不完全繭形成）が，一部のカリバチ類（表 4-1 の段階-5, 段階-6）に見られます．これら3タイプの出現は，特に系統関係を反映したものではないようです．大多数のハチは，後に紹介するようないろいろな形状の繭をつくります．一方，幼虫世代に繭をつくらないハチの仲間として，ハナバチ類（表 4-1 の段階-5）のヒメハナバチ科，キマダラハナバチ亜科およびクマバチ亜科の幼虫が知られています．そのほか，ムカシハナバチ科とコハナバチ科の大半は繭をつくらないグループですが，ステファンさんによれば，ごく一部の種には繭が見られるそうで

Box 4-1　繭の形態による「種・属の検索」について

　有剣ハチ類の繭の形態による「種・属の検索」に関する文献を以下に紹介します．
(1) 南部敏明 1967. 日本産ジガバチモドキ類 (*Trypoxylon* spp.) の習性およびその天敵について (II)．生物研究 XI (1・2): 1-16.
(2) 郷右近勝夫 1982. ススキの枯れ茎に営巣するハチ類の生態. 昆虫と自然 17 (2): 2-6.
(3) 松浦誠 1985. 越冬巣（筒トラップ）種の見分け方. In: 松浦誠『ハチの飼育と観察』ニュー・サイエンス社, 東京, pp. 51-54.
(4) 牧野俊一・佐山勝彦・岡部喜美子・阿部渉 2011. 日本竹筒ハチ図鑑. 昆虫（ニューシリーズ）14 (1): 28-31.
http://www.ffpri.affrc.go.jp/labs/seibut/bamboohymeno/index-j.htm
(5) Danks, H.V. 1970. Key to the nests of British aculeate Hymenoptera in Rubus stems and their commoner parasites. (Biology of some stem-nesting aculeate Hymenoptera. Trans of the Royal Entomological Society of London 122: 323-399.)

　(1) には，ジガバチモドキ属7種の繭の細密画が図示されている．

　(2) には，コシボソアナバチ属（＝アリマキバチ属），エンモンバチ属，マエダテバチ属，イスカバチ属，ホソギングチバチ属，ジガバチモドキ属，*Anoplius* 属*の6属の生態的検索図が図示されている（*: 原文には *Anoplius* とあるが *Dipogon* が正しい）．

　(3) には，ツツハナバチ属，マエダテバチ属，ホソギングチバチ属，ジガバチモドキ属およびクニオベッコウの4属1種についての検索表が記載されている．

　(4) には，約12種のハチ類の繭が写っている巣がカラー写真で紹介されている．日本昆虫学会のサイトに掲載されたので，興味のある方はアクセスして見ていただきたい．

　(5) には，イギリスのキイチゴ属の枯れ茎に巣づくりする有剣ハチ類17属21種と，寄生バチ類の2上科8属の詳しい検索表が記載されている（有剣ハチ類に限ってみると，17属中13属は日本産との共通属）．

す．対照的にカリバチ類の大半は繭をつくるのが普通（表4-1）ですが，例外的に熱帯圏に生息するアリマキバチ亜科のミクロスティグムス属（*Microstigmus*）のグループは，繭をつくらないことで知られています．なお，ミクロスティグムス属のハチは属名からわかるように，いずれも数ミリと小型のハチで，アナバチ群では数少ない真社会性のハチとして知られています．

ハチの繭は，① 卵型，② 長楕円体型，③ こん棒型，④ 松茸型，⑤ 絹傘型の5つの基本型に分けられました（表4-1）．これらの繭の形状が，カイコに代表されるようなチョウ目の繭（6-2, 6-7節参照）とはだいぶ異なるものもあります．結論を先に述べますと，「ハチの繭」はカイコのような1本の糸でつくられたものではなく，「何らかの加工が施された微細な織物」と表現するのがふさわしいでしょう．それでは，これら繭の多様性の数々のなかから，先に分類した5型についての形状と構造について紹介するとともに，繭の形態からそのつくり主であるハチの素性が割りだせるかどうか，見ていきたいと思います．

① 卵型

「ハチの繭」の代表格のような繭型で，多くの種がこの型に含まれます．まず，この型の典型的な例としてミスジアワフキバチ（表4-1の段階-5）の繭があげられます（図4-7A）．図では弧を描いている左側が

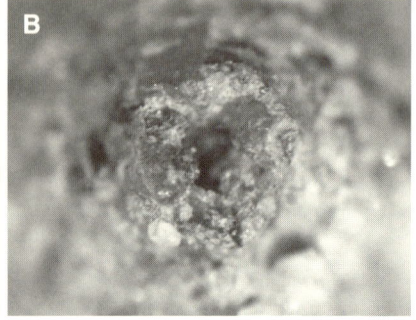

図4-7　ミスジアワフキバチの繭　A. 外観．大きさは，長さ15.0 mm，幅6.0 mmで，0.1〜0.5 mmの微細な砂粒が絹糸で綴られている（糸の太さは約2 μm）．B. 尾端の小突起物の拡大．

4-3 幼虫世代が紡ぐ糸 —— 繭は口ほどにものを言い　　　115

頭端で，とがっている右側が尾端です．この尾端にはどの繭でも数個の砂粒でつくられた小突起があります（図4-7B）．今日まで，この小突起に特別の関心をもっていませんでしたが，今回改めて詳しくその構造を観察したところ，どうも後で紹介する呼吸孔の一種（機能性として）のように思えてなりません．さらに繭の表面には砂粒が隙間なく貼りつけられているのが特徴で，かなり固く仕上げられています．なお，図の繭は表面構造を示すために，その表面に付着していた獲物（アワフキムシ）の脚や触角などの食い残し物を取り除いてあります．この卵型は，他に表4-1に示したようなグループに認められます．

② 長楕円体型

この型の繭は①の卵型とよく似た形状になりますが，繭は頭端と尾端とがほぼ同じか（俵状），もしくは両端が直線状（円柱状）のいずれかの形状を整えていることで区分できます．このような繭をつくり上

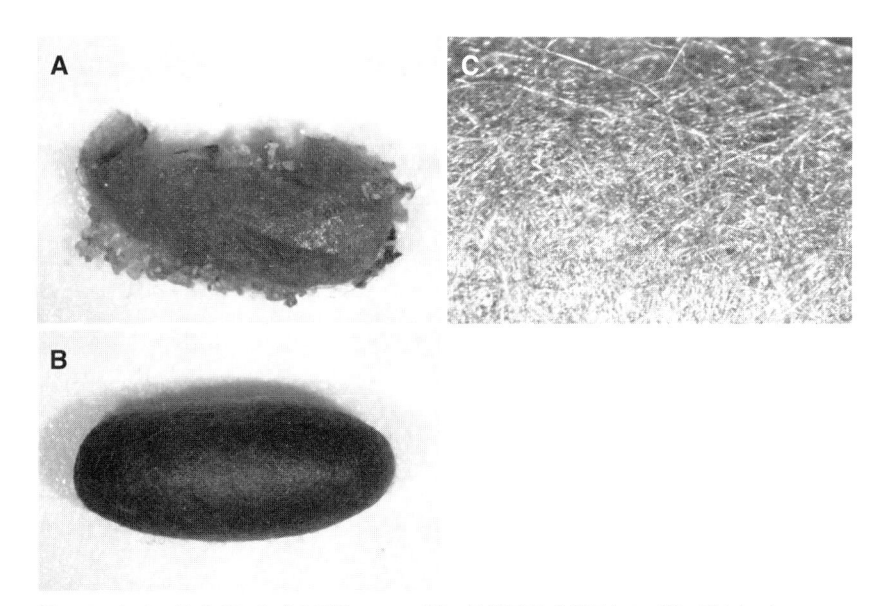

図4-8　**ヒメハラナガツチバチの繭**　　A. 繭の最外層は「毛羽」で，繭の周りには育房内の砂粒が付着している．B.「毛羽」を剥いで2層目の繭を示す．金茶色の絹糸で紡がれた繭の表面はビロード状を呈する．C. 2層目の表面を拡大（40倍）．

げるためには，老熟幼虫は糸を紡ぐ際に繭内で均等に反転（垂直の巣であれば上下，水平であれば左右）を繰り返す必要があります．つまり，この繭をつくるハチはカイコの繭づくりとほぼ同じ作業工程を経るものと考えられます（第6章）．この例として，ヒメハラナガツチバチ（ツチバチ科．表4-1の段階-1）の繭づくりを見てみましょう（図4-8）．このハチの幼虫が地中で糸を紡いで完成した繭は最外層の部分が薄くふわふわした糸で構成されています（図4-8A）．この最外層の糸屑状のものは，ハチに限らず多くの昆虫の幼虫が繭を紡ぎ始めるときの一種の足場の役割をしていると考えられています（カイコでは毛羽と呼ばれる．第6章）．図4-8Bでは繭の形状の輪郭がはっきり見えるように，最外層の部分を取り除いてあります．この内側の繭の表面は，金茶色の絹糸で織り込まれています（図4-8C）．実体顕微鏡（80倍）で繭の断面を詳しく観察すると，外表面は細かい網目状の絹糸が薄く編まれていて，その下面には漆黒の膠状の層（ラック樹脂．ラックカイガラムシの分泌物あるいはその類似物質）があり，最内側は再び細かい網目状の絹糸が編まれています．ちなみに，この繭層の断面の厚さを測ってみると，0.27 mmでした．ヒメハラナガツチバチの繭はこのような複層構造で構成されているためか非常に弾力があり，繭を指で押しても簡単には破れません．

③ こん棒型

この型の繭は，②の長楕円型の後端の一部がすぼみ，あたかもこん棒状の構造となるという特徴があります（図4-9）．この例として，キスジベッコウ（表4-1の段階-4）について紹介します．キスジベッコウの繭の大きさは長さが20 mm弱，最大幅が8 mm前後で，外観は薄茶色のフェルト質で表面がかすかに波打っています（図4-9A）．繭の内面は明るい茶色で，鏡面のように光って見えます．繭の断面を細かく観察すると，外層はやや粗めの糸でその下に黒色の密な部分があり，最内層は密な茶褐色と，3層で構成されているようです．中間の黒色層は，前出の「ラック樹脂」でつくられていると考えられます．さらに，この隔壁を境にしてすぼんだ部位の先端は「糞溜め」になっ

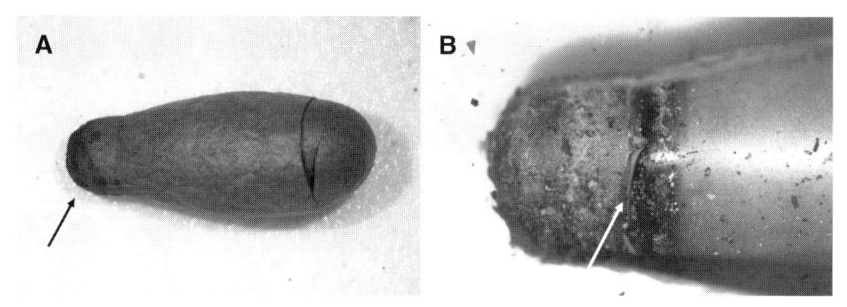

4-3 幼虫世代が紡ぐ糸 —— 繭は口ほどにものを言い

図 4-9　キスジベッコウの繭　A．右側が頭端部で，左側の矢印が「糞溜め部」．なお，頭端部は成虫の羽化脱出の際に内側から大顎で切り取られてしまうので，写真では繭の全体像を示すために元に戻してある．B．「糞溜め部」の断面を示す．このハチの幼虫は，土中の育房内で繭の外層部全体を紡ぎ，繭の尾端のすぼんだ部分に脱糞する．次いですぼんだ部分を境に（矢印），その上部全体に複層の繭をつくると思われる．この糞溜めの隔壁は淡いラクダ色．3 層ほどに紡がれていて，特に隔壁から約 0.8 mm 幅にリング状に漆黒色が施されているのが特徴．

ています．糞溜めの内部は汚く，黒色の糞とそれを取り巻く白色のカビの菌糸が充満しています．つまり，このハチの繭の後端部で糞と前蛹が完璧な隔壁で区分され，繭内の衛生状態を清潔に保つ仕組みが構築されているのです．そして，この「糞溜め」の隔壁がつくられている部分に限って，まるで黒の漆塗りのような手の込んだ工夫が施されています（図 4-9 B）．

カイコは繭をつくり始める前に脱糞して，繭ができるとすぐに蛹化してしまうようです．それは，これらの繭の中に糞が見つからないこと，また繭の傍らに大きな糞塊があることから推定できます．では，なぜこん棒型繭をつくるハチの幼虫では，繭づくりの途中でトイレ用に糞場のためのこん棒の柄の部分を糸で綴り，あげくには自らの汚染を避けるための丈夫な隔壁までこしらえてから，ようやく蛹化するのでしょう．その謎解きは，ハダニなどでは糞の始末が重要であるということ（2-6 節）と関連して，案外面白いものだと思います．これらのハチの幼虫には，繭の外で脱糞してから安眠することができない，特別の理由があるのでしょうか．例えば，有剣ハチ類のなかでカリバチ類の母バチが獲物として与える昆虫（幼虫・成虫）やクモ類が動物性の

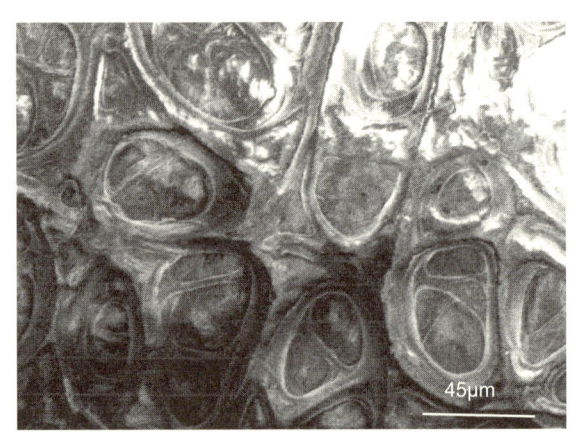

図 4-10　シロハヒメベッコウの繭の外層の走査電子顕微鏡写真

餌であるため，繭の外に出される糞の腐敗が繭に重大な被害をもたらすことにあるのかもしれません．糞を完全に閉じ込めておくことが，それを防ぐ唯一の方法だというなら納得できます．植物食のハナバチ類は，カリバチと系統的には兄弟姉妹群にあたりますが，彼らは繭をつくる，つくらないにかかわらず，老熟した幼虫はさっさと脱糞して蛹になります．さらに面白いことには，ハナバチには，この糞を育房（例えばオオムカシハナバチ属，コハキリバチ属）や繭の補強材（ハキリバチ属など）として育房内壁に塗り込めるグループさえも知られています．

　ところで，ベッコウバチ類の属間での繭の微細構造を調べるために，何種かの走査電子顕微鏡像を撮影しました．そのなかに，ヒメベッコウ属の一種シロハヒメベッコウの繭の外層が通常の糸で綴られたとはとても思えないような奇妙な構造に形成されているのが目にとまりました（図4-10）．比較的大きさのそろった渦巻き状の絹糸が見られ，細かく見ると，楕円の周縁部とその中心部には幅広の糸（膜のような）が見えます．このような糸を紡ぐためには，幼虫は育房空間で「毛羽」を支持体として中空に向かって数十ミクロンの範囲にゆっくりと出糸口を動かすと想像されます．なお，この繭の内層は他のハチ類

4-3 幼虫世代が紡ぐ糸 —— 繭は口ほどにものを言い　　　　　　　　　　　119

と変わらない糸で紡いであることから，幼虫は繭の外層と内層を紡ぐ際に糸紡ぎ行動を使い分けていることは明白です．幼虫がこのような膜質の糸を紡ぐには，絹糸腺から分泌物をゆっくり吐いたために，たとえば「ずるずる引きずった真綿」のようなものになったとも考えられます．

④ **松茸型**

この繭型は，岩田さんの名著『自然観察者の手記』のなかで，発見当初は未知の種であった（その後エオプセヌルス・イワタイの学名があてられた）新属新種のわずか1つの巣について記録されたものです．岩田さんはこのハチの繭に関して次のように述べています．「一つの枯れ茎の髄質部に，今まで見たこともない奇妙な繭で，それはあたかも松茸のような形をしていた」（図4-11）．この種の分類学上の所属は，現在ではマエダテバチ属に整理統合されて，キアシマエダテバチという和名（以下，キアシと略記）で呼ばれています．キアシは体長約5〜6mmの小型のハチで，わが国では主に砂浜海岸や内陸部では河川

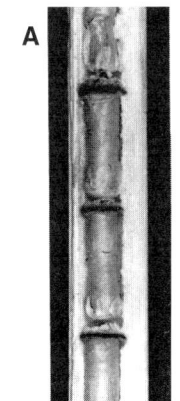

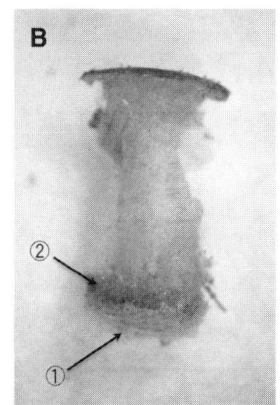

図4-11　松茸型の繭　A．ススキ枯れ茎の孔道に直列につくられたキアシマエダテバチの育房と繭．キアシの母バチは掘孔習性が失われているため，他のハチが掘った孔道を再利用した巣．B．ススキ枯れ茎から引き出した繭．上部の厚い傘部と下部の仕切壁（①：母バチが紡いだ絹糸．②：ピス粉）の間につくられているのが繭の本体部．C．モミジイチゴの枯れ茎につくられたアタマギングチバチの育房と繭．

流域に生息し，年二化性の生活史を送ることが知られています．

　キアシの繭は，まさに岩田さんが述べているように，繭の頭端に相当する部分に，「美しい丸盆を裏返してのせたような具合に，菌絹傘に相当する部分がついている」のです．この絹傘の部分は，そこから下方につくられている蛹の入っている繭本体と比べると，はるかに厚く丈夫につくられています（図 4-11 A）．幼虫はこの絹傘の部分をつくる際に，孔道内壁をリング状にわずかにかじり取った後にそこを基点とするようで，ススキやモミジイチゴの枯れ茎のピス質内壁に食い込んだ状態でつくられています．図 4-11 B は，この繭の特異性を見てもらうために，巣から引っ張り出したものです．岩田さんが「松茸」と表現したわけを，わかっていただけるでしょう．ただし，巣によっては頭端と後端の間の膜状の繭が孔道いっぱいにつくられている例があり，このような繭は「松茸」というより「エリンギ茸」をほうふつさせるでしょう．ただし，完全な松茸型をつくるのは，キアシとスジマエダテバチの 2 種にすぎません（表 4-1）．残り 6 種は，後で述べる⑤ 絹傘型の繭に分けられます．なお，マエダテバチ属とは別のグループのギングチバチ科に所属するヒメギングチバチ属（表 4-1 の段階-5）のアタマギングチバチでも，この種のタイプの繭をつくることが知られていて，それは形もさることながら色合いも茶褐色で，本当に松茸にそっくりです（図 4-11 C）．

　これらの例からすると，蛹の入る繭と菌絹傘にあたる部分とが，すでに別の理由でつくられているのだと見えます．それを確信に導いてくれるのが，次に紹介する絹傘型の「繭」です．

⑤ 絹傘（天蓋）型

　この型の繭は，④と同様にマエダテバチ属の多くの種に見られ，また近縁ないくつかの属にも見られます（表 4-1）．この型が見られるのは，筒状のものに幼虫の育室をつくるハチがほとんどです．この絹傘型の繭は，前に述べた松茸型から派生した－もっと端的に言えば，この種の老熟幼虫は絹傘だけを丈夫に紡ぎ，後の繭の本体（柄に相当）づくりを放棄した－タイプと考えられます．そこで，このタイプの繭

は，繭本体が (1) 完全欠損，(2) 部分的欠損の 2 つの亜型に分けられそうです．なお，これまでに私がマエダテバチ属の巣を直接観察できた種に限って，その割合を調べたところ，75%（8 種中 6 種）で繭本体部がつくられていないことが判明しました．

そこで，(1) の完全欠損亜型の代表的な繭として，オオアゴマエダテバチ（以下，オオアゴと略記）を紹介します．オオアゴは，キジラミ類を多数狩り，モミジイチゴなどの枯れ茎のピス質に長大な巣孔道を掘って，貯食します．図 4-12 は，前蛹態で越冬中の巣を割って，育室の内部を示したものです．育室内には，乳白色のやや細長で表皮もしっかりした前蛹が入っていて，その上方に厚ぼったい灰白色の絹傘状の蓋が糸でつくられています．前蛹は全く繭にくるまれていないことがわかるでしょう．つまり繭の完全欠損型なのです．下方の厚い詰物は，母バチが育室の仕切壁として，大顎で孔道内壁から削り取ったピス粉を押し固めたものです．このように，マエダテバチ属の育室は，

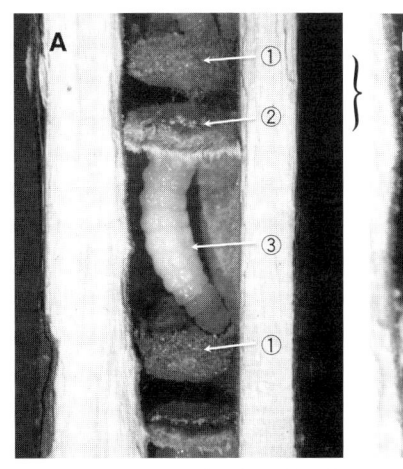

図 4-12　オオアゴマエダテバチの巣と繭　　A．コゴメウツギ（バラ科）の枯れ枝に営巣した越冬巣．①：母バチが孔道内壁のピスをかじり取り，押し固めた仕切壁．②：幼虫が紡いだ絹傘の繭（絹傘状の天蓋だけが紡がれている点に注目）．③：前蛹は育房内に裸の状態で休眠．B．図 A の拡大．絹傘状の天蓋で線条に濃くなっているのは「ラック」が施されているためである．

2つの詰め物状のもので仕切られた育室が直列に10数室設けられるのが一般的です．なお，図4-12Bで絹傘の縁に白色の短い襞が伸びていますが，これは絹傘をつくる際に，キアシと同じやり方で幼虫がピス内壁をリング状にかじり，そのわずかなへこみに絹傘の端を固定していた糸が，巣を割った際に引き剝がされたものです．それはあたかも，仏像や高僧などにかざす笠の周囲につり下げる飾りのようにも見えます．

そのほかにも，「絹傘」に類似した構造物をつくるハチとして，スズメバチ科のスズメバチ類とアシナガバチ類があります．これらのグループのハチの育房は，母バチ（後に働きバチ）によって樹皮片（植物繊維）に唾液を混ぜてつくられます．この育房内で老熟幼虫は繭をつくりますが，そのとき育房内の全体にわたってつくるのでなく，その入口部分に特に厚く糸を付けるのが特徴的です．なお，育房内壁の下方では肉眼では識別困難なほどのごく薄い繭になっています．今回，オオスズメバチの幼虫が六角形の育房につくったキャップ（蓋）を改めて詳しく観察してみました．このキャップは，育房の入口部分だけが純白の絹糸でやや厚く盛り上がるように付けられていて，そこから奥には育房内壁の粗い繊維質の上に膜質状の糸が痕跡的に張られていることがわかりました．そして，この繭には，前に述べた「ラック樹脂」は一切，塗り込められていませんでした．

4-4　絹傘の機能

繭型の最後の2型，すなわち④松茸型と⑤絹傘型は，明らかに共通した繭型の祖先から派生したものでしょう．しかも，それがドロバチ科とアナバチ科という系統の離れたグループに見られるので，ハチ類の系統関係にはかかわらず，それぞれ独立に出現（収斂）したものと考えられます．そこで，この2つの型の繭の共通点としての「絹傘」に注目し，その機能性について若干の考察を加えてみたいと思います．

ハチ類のつくる「絹傘」は，既存の孔道を利用するハチ類にとっては，孔道自体が防護壁となるため，繭の頭端部分だけに特化して繭を紡ぐことで育房入口の防御機能を発達させたのかもしれません．それは特に天敵としてのアリ類の育房内への侵入を防ぐためのバリヤーとしての機能性をより高める方向へ進化したとも考えられます．つまり，育房の天井部に糸の多くを消費することによって，自ずと自分自身をくるんでいる繭がおろそかになっていったのでしょう．防護壁と厚いドア状の二重の防護ができ上がれば，繭をつくる必要性はなくなり，やめてしまうことで幼虫のエネルギー消耗を少なくすることができるでしょう．

4-5　砂粒の「揺りかご」，繭にあけられた小窓の謎

　ハチの繭にはもう1つ注目すべき変異があります．アナバチ群（表4-1の段階-5）のなかには，繭が砂粒で強固に補強され，さらに繭の表面の特定の場所（これまでは全て胴部）に呼吸孔（pore）と呼ばれる小さな構造物をつくる，ドロバチモドキ科というグループがあります．英語で通称サンド・ワスプ（sand wasp；スナバチ）と呼ばれるハチで，世界中に約1,500種，日本には約30種が知られています．ファーブルさんによれば，この繭は，幼虫が土中の育房の中でハンモック状に絹糸で袋をつくり，その中に砂粒を取り入れ，1個ずつ，ていねいに絹糸腺の分泌物で塗り固めていくことで形成されるのだそうです．

　このアナバチ類の繭（① 卵型もしくは ② 長楕円体型，表4-1）には，繭の胴部に沿って存在する呼吸孔の数に種による違いがあることが知られています．世界のスナバチ類の生態をまとめたエヴァンスさんによれば，33種の繭の呼吸孔の数を調べたところ，1個だけのものから，32個もあるものまであったと言います．そのなかで日本に生息する同科に所属するハチでは，ニッポンハナダカバチが6〜17個（平均10.5個），キアシハナダカバチモドキの5個がリストアップされています．そのほか，リュウキュウスナハキバチが7個，ヤマトスナハ

キバチが6個，ニッポンツヤアナバチが4〜8個，ムネアカツヤアナバチが3〜6個と，岩田さんや私の研究で追加記録されています．なお，エヴァンスさんの記録では，最後の2種を含むツヤアナバチ属では呼吸孔が存在しないとされていましたが，呼吸孔の位置が繭の胴部ではなく，頭端（極）付近にあったために，見過ごされていたようです（図4-13）．

　私は，ニッポンツヤアナバチとムネアカツヤアナバチの呼吸孔の微

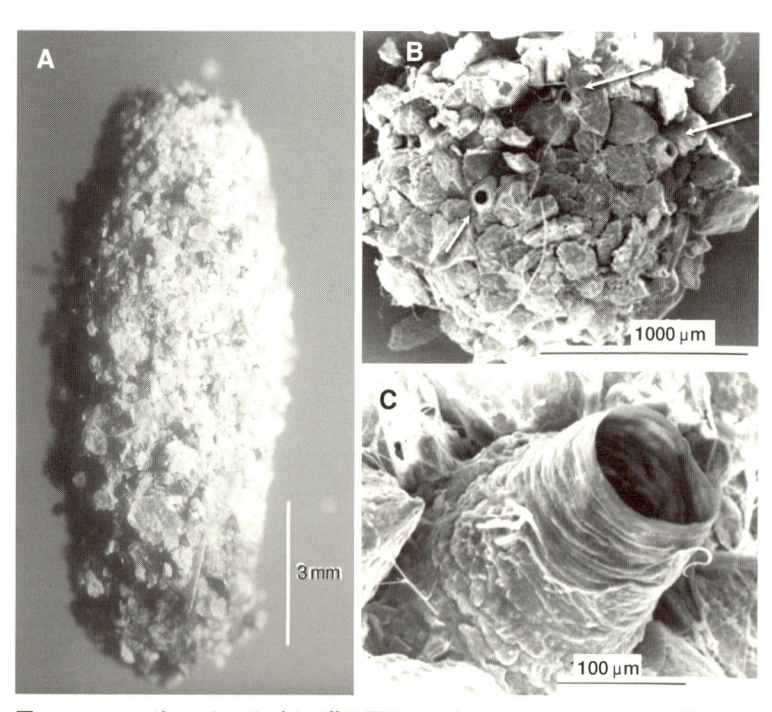

図4-13 ニッポンツヤアナバチの繭と頭端につくられた呼吸孔　A. 砂粒をちりばめて補強された繭．この繭は，幼虫が前もって紡いでおいた「毛羽」の薄い袋状の内側に，育房の底から微細な砂粒を1個ずつ大顎でつまんで絹糸で貼りつけてつくる．B. 繭の頭端にリング状につくられた呼吸孔（矢印）の走査電子顕微鏡写真．実際は茶褐色をしていて，周りの砂粒から噴火口のように突き出ているのが特徴．この写真では3個の呼吸孔が見られる．C. 呼吸孔の走査電子顕微鏡写真．膠状に層状に積み重ねてつくられていて，あたかも空気排出用のダクトのようである．このハチの幼虫が，絹糸をこのような繊細な構造物に仕上げることができることは，驚嘆に値する．

4-5 砂粒の「揺りかご」，繭にあけられた小窓の謎　　　125

細構造を調べていて，この砂粒の繭の所々につくられた微小な孔が大変凝った形になっていることに大いに興味を引かれました．常木さんの観察では，ニッポンハナダカバチの呼吸孔は，幼虫が吐く「膠状の絹糸腺分泌物」でつくられていること，さらにその内側はフェルト状の物質で裏打ちされているというのです．そこで，これまで調べたハチ類の繭に呼吸孔の形成が認められた8種について，その断面構造を比較しました．そのなかの6種を図4-14に示します．図中のA～Cの3種では，ラック樹脂で固められた硬い黒色部（β層）があるのが特徴です．なお，Cはトモンハナバチの繭頭端に形成された呼吸孔の突

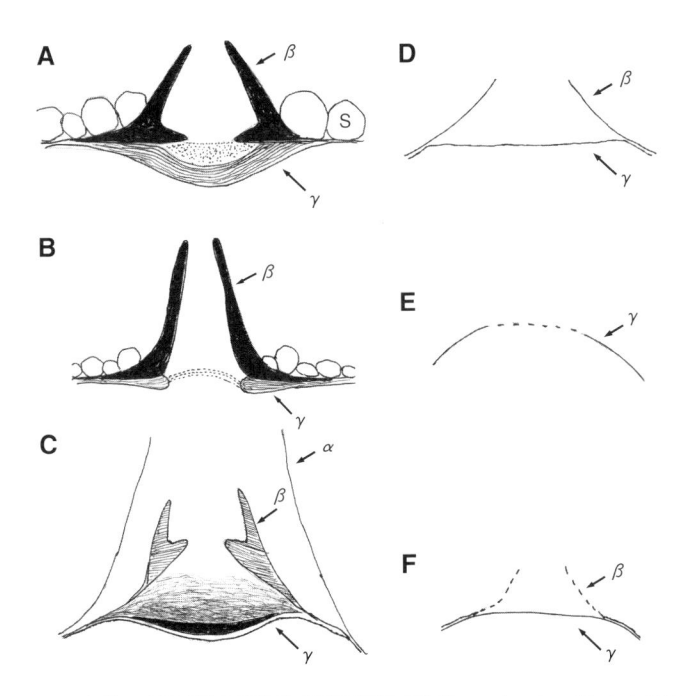

図4-14　有剣ハチ類の繭の呼吸孔の断面構造の比較　　A. ニッポンハナダカバチ．B. ニッポンツヤアナバチ．C. トモンハナバチ．D. クラマギングチ．E. ニッポンギングチ．F. ケブカギングチ．α: 最外層繭．β: 中間層繭．γ: 最内層繭．S: 砂粒．A～Cの呼吸孔には共通してβ層が発達し，煙突状の突起構造が顕著である．なお，突起の底辺にはγ層が形成され，繭の内部と遮へいされている．D～Fの呼吸孔はいずれもギンチバチ族のもので，比較的薄い繭の頭端に単一の小突起を形成しているのが特徴．

起物の断面模式図です．一方，E〜F はギングチバチ族の繭で，β 層・γ 層もしくは β 層だけで構成された，より単純な構造の呼吸孔です．これらの呼吸孔の機能については，ファーブルさんやエヴァンスさんが，土中にある繭内の前蛹にとって酸素を補給するためだと示唆しています（だから呼吸孔と呼ばれる）．そして岩田さんは「この小孔の存在理由は呼吸にあるようで，一般に湿度の高い地中に巣をつくる繭や，体の大きいハチの繭に数が多いことが，それを暗示している」，と言及しています．

それにしても，この呼吸孔がどのようにつくられるのか，という点に疑問が生じませんか．繭をつくる際にハチの幼虫が小孔ができるように糸を張っていくことを，私たちがハチの幼虫の身になってイメージすることは大変難しいことでしょう．しかし，この種のハチの幼虫は機械仕掛けのように単純作業で繭をつくっていくのではないようです．図 4-14 には呼吸孔の単純なものや複雑な構造のものが示されていますが，その製作過程は今もって謎のまま残されています．いずれにしても，繭の中ですむということは，安全と閉所の恐怖との妥協によって成り立つものなのかもしれません．

4-6　この章のおわりに

ここまで，糸で母バチがつくる育房および幼虫がつくる繭について紹介してきました．そこで見られた糸は，ほとんどがそれを材料に何かから幼虫を守るという機能をもつものでした．

まとめれば，有剣ハチ類（細腰亜目）では，大半の幼虫が繭をつくり，その中で蛹化し，外界の厳しい環境から身を守る手だては自前で行うことになります．ただし，主に土中に巣づくりするハチ類（表 4-1 の段階-1, 2 および 4, 5）の多くは「完全繭」をつくるのに対して，竹筒や茎・枝のピス質部に巣づくりするハチ類の多く（表 4-1 の段階-5 と 6）は「絹傘型」の不完全な繭ですませてしまうという，少々ルーズなやり方に移行する傾向が読みとれます．これは，一種の「親による

4-6　この章のおわりに　　　　　　　　　　　　　　　　　　　　　　127

保護」の強化によって，幼虫が蛹化前にあまり糸を紡ぎ出す必要がなくなり，省力化への方向性が生じたからだと考えられます（Box 4-2のハバチ類の繭を参照）．

　さらに，カリバチ類のアナバチ群のあるグループ（ヒメコシボソバチ科が有力視されている）から進化したハナバチ群のいくつかのグループでは，幼虫が自前で繭をつくりません．それは，母バチが巣づくりの過程で，自身のデュフール腺（場合により胸部腺）から分泌物を出し，それを実に丹念に育房の内壁に塗り込めて内張りを施し（図4-15），カビなどから完璧な保護を成し遂げているからだと考えられます．この無菌室の中で，孵化した幼虫はぬくぬくと成長でき，また育房自体が繭と同じく蛹を十分保護してくれるからでしょう．

　これらの点で，糸が防護だけではなく餌の捕獲にも用いられるクモの糸とは大きく違っています．その違いは，たぶんハチはその強い飛

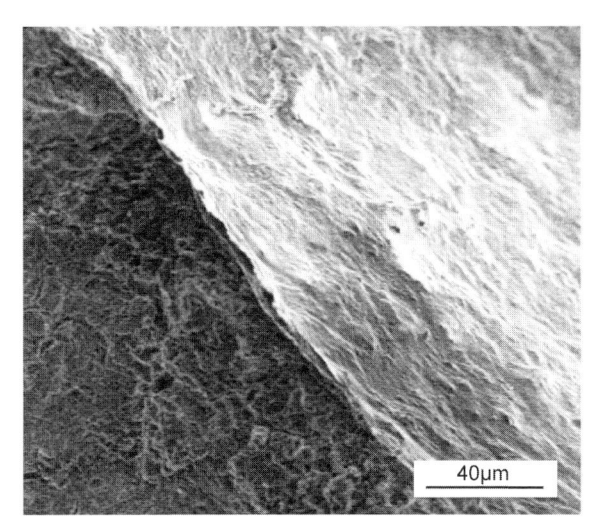

図4-15　シロヤヨイヒメハナバチの育房内壁の走査電子顕微鏡写真　　土中に巣づくりするシロヤヨイヒメハナバチの育房の内壁は，母バチによってツルツルに磨き上げられ，その表面に腹部のデュフール腺からの分泌物（糸のような物質）で薄膜がコーティングされる．図の左側の黒色部が押し固められた土で，右側がその上にコーティングされた薄膜．この分泌物があるため，幼虫，花粉団子および前蛹などはバクテリアやカビの汚染から完璧に保護される．

翔能力，機動力によって餌を捕ったりするのに不自由しないからなのかもしれません．一方，完全変態で幼虫が無防備な姿であるハチでは，それをいかに保護するか，それが重大な関心事だったということだと思われます．

有剣ハチ類の糸に絡んだ行動全体を俯瞰すると，まず幼虫が自分で糸を紡いで繭をつくるものがいて，次に少しずつ親がかりになって，親が幼虫のすみ場所を何らかの形で用意するようになり，幼虫は繭を紡ぐ必要がなくなり，その保障として今度は親が糸や絹糸腺分泌物を出す能力を復活（?）させてそれを使って子の育房をつくるようになったという，複雑なプロセスがあることになります．このようなハチ類の社会進化を考える重要なポイントとして，幼虫期の巣内環境，すなわち (1) 過湿もしくは乾燥の制御，(2) 天敵としてのアリ類の防御，(3) 共食いの回避，が上げられます．(1)はカリバチでは繭を厚くするか，砂粒もしくはラックでの補強，ハナバチでは母バチによる育房のコーティング処理によるカビの防止があげられます．(2)は母バチによる巣口と育房の閉鎖で対処しているようです．(3) の共食いについては，正直なところまだわからないのです．ただし，岩田さんが言うよ

Box 4-2　ハバチ類の繭

奥谷禎一さんによると，ハバチ類（広腰亜目）の幼虫の生活様式は，チョウ目の幼虫に近く，大部分が自由生活であるが一部で葉や茎や実に穿孔することもあるという．また，ヒラタハバチ科の数属では，幼虫が糸を張りオビカレハの幼虫のように，その中で幼虫生活をするものもある．ところで，ハバチ類では相当広範囲にわたって絹糸による繭づくり習性があると言われる．また，繭づくりは多くは土中で行われるが，その繭自体はきわめてもろいものもあれば，チョウ目に類似した丈夫なもの（マツハバチ科，ミフシハバチ科など）もある．さらに興味深いことに，シダハバチ亜科の多くは朽木に孔道を掘り，その中に蛹室を設けるが，繭はつくらないそうである．

4-6 この章のおわりに

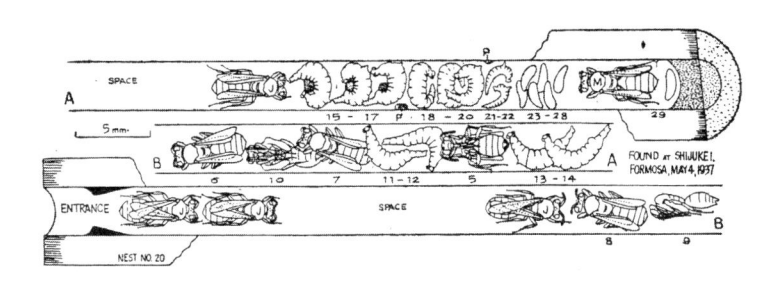

図 4-16 タイワンアリハナバチの大型コロニー　この図には，1匹の母バチ（上段右端の胸部にMが付記されている個体）のほかに，奥から6個の卵，大小8匹の幼虫，4匹の前蛹，2匹の蛹および8匹の新成虫の，あわせて28匹の家族構成が描かれている．巣のいちばん奥に卵がまとめて置かれているのが，通常の単独性のハチ類と比べると著しい特徴である．このような巣構成は，草木の茎や枝に巣をつくるアリ類の巣にそっくりである（岩田 1938 より）．

うに，ハチ類の社会性の進化を推し進めるのには，(1) と (2) をクリアー後，母娘との世代間の重なりが最も重要な要因になると考えられています．

最後に，岩田さんが今から70数年前に台湾で観察された，タイワンアリハナバチという，超小型のハナバチの大型コロニーをご覧いただきましょう（図 4-16）．母バチとその子たちが，1本の孔道の巣内に混然一体となって暮らしているという，まさに家族性の生活様式が見てとれます．そこには，糸でつくられる構造物は何1つ認められません．つまり，このハナバチの母バチも幼虫もそれぞれを隔てる仕切壁も繭も存在しないのです．一方，みなさんがご存知のスズメバチやアシナガバチなどのように，高度に発達した社会性（正確には真社会性）をもち鉄壁のガードマン（ワーカー）のいる巣でもなお，幼虫世代は働きバチ（創設巣は女王バチ）がつくった六角形の育房で完全に隔離されているのです．そこで最後に残った糸の使い道は，身内同士，つまり幼虫同士の共食いの防止のためだとも言われています．タイワンアリハナバチの場合には，娘バチ（働きバチ）が花粉団子を幼虫の発育に見合った分だけ餌として与えることで，幼虫同士の共食いを回避できたことが，集団生活を可能にしているのでしょう．そこには，糸で守るべきものなど何もない，否，糸そのものが孔道内での娘バチの仕

事(育房の掃除,幼虫の世話,母バチへの給餌など)に邪魔になるという,「ユートピア」が実現しているのかもしれません.

謝辞

　本執筆に当たっては,故岩田久二雄先生,故坂上昭一先生,故丸山工作先生,前田泰生先生,故遠藤彰先生,遠藤知二先生,山根正気先生,女川淳先生,橋本佳明さん,羽田義任さん,南部敏明さん,宮永龍一さん,徳田誠さんなどの方々に何かとご教示を賜わりました.この機会に深謝します.

5
寄生蜂とチョウと糸

(田中晋吾)

5-1 寄生蜂が糸を使うとき

　昆虫はこの地球上で最も多様化した生物のグループと言われています．その形態や行動などの性質は，およそ我々が考えつくあらゆるタイプのものが網羅されていると言っても過言ではないでしょう．生活史という観点で言えば，この章で取り上げる寄生蜂は，そのなかでも特異なグループの1つと言えます．その最大の特徴は，他の昆虫や節足動物に卵を産みつけ，幼虫が成長するための餌として利用することです．このような生活形態を寄生と言い，特に寄生蜂の場合には寄生された寄主の命を奪うことから，捕食寄生とも呼ばれます．一般に，寄生蜂の幼虫はウジムシのような外見をしており，この幼虫が糸をつくり出してさまざまな用途に利用します．

　一部の寄生蜂は重要な農業害虫の幼虫に寄生するので，この性質を利用して畑などで害虫を防除するための天敵として利用されています．さまざまな果菜類を食害することで悪名高いオオタバコガやハスモンヨトウといった害虫に寄生することから，重要な天敵として知られているコマユバチ科のギンケハラボソコマユバチという寄生蜂がいます．この寄生蜂は，糸を利用して自分自身を宙づりにするという一風変わった状態で蛹になります．

　ギンケハラボソコマユバチは，寄主であるガの幼虫1匹に対して寄

図 5-1　ギンケハラボソコマユバチの繭の形成過程　A. 寄主幼虫の体から脱出すると、まずは植物などの寄主幼虫が付着している物質に糸で足場をつくる. B. 丈夫で縮れた糸を 1 cm ほど形成し、その下にぶら下がる. C. 糸の先にぶら下がった状態で繭を形成する（白井俊介さん撮影）.

生蜂の幼虫 1 匹だけが寄生する単寄生という生活形態をとります. 寄生蜂の幼虫は、寄主から脱出すると、まずはその場で口器周辺から紡いだ糸を植物などの基質に付着させて、足場をつくります（図 5-1A）. 次いで、脱出から 1 時間以内に、足場から 1 cm ほどの長さの、比較的頑丈なコイル状の糸を形成し、その先にぶら下がります（図 5-1B）. そして、ぶら下がったその先に繭を形成し、その中で蛹の期間を過ごします（図 5-1C）.

　一般に、昆虫の蛹は脚や翅などの移動するための器官をもたないので、天敵に襲われたときに逃げるなどの回避行動がとれません. 植物の表面などでそのまま蛹になると、クモやアリなどの徘徊性の捕食者に襲われる可能性があります. その点、宙づりになった蛹はこの手の捕食者に対する防御として効果が期待されるでしょう.

　この仮説について、神戸大学の白井俊介さんと前藤薫さんが、ハリブトシリアゲアリという小型のアリを天敵に見立てて検証を行いました. 糸で宙づりになった繭と植物上に固定した繭について、それぞれ捕食される割合を比較したところ、開始 12 時間以内に植物上の繭の 8 割が捕食されたのに対して、宙づりになった繭は全く被害を受けないという結果が得られました. また、植物に付着した蛹でも、約 1 日

以上経過した繭は表面が固くなり，十分にアリの捕食に耐えられるようになるそうです．このことから，ギンケハラボソコマユバチが植物からぶら下がって繭をつくるのは，特に繭をつくりたてで外敵に対する防御が脆弱な期間には，アリなどの徘徊性捕食者に対して十分に効果的な防衛行動となっていると言えるでしょう．

　ちなみに，このように宙づりになった状態で蛹になる例は，他にもさまざまな寄生蜂のグループで観察されるそうです．また，その形態にもさまざまなものがあります．例えば，中米コスタリカで発見された *Meteorus restionis* という寄生蜂は，寄主1匹に多数の幼虫が寄生する多寄生という生活様式をもち，寄主から出てきた複数の幼虫が，60 cm を超えるような1本の長い糸の途中にそれぞれ繭をつくります．そのため，バランテスさんたちによると，あたかも農家の軒先からぶら下がった干し柿のような様子になるそうです．この長い糸は，幾本もの細い繊維が撚り合わさってできた2本の太い糸からなるロープのような構造をしており，40 g 以上の重さに耐えるとのことです．このハチの成虫は体長が約 4 mm と言いますから，私が他の寄生蜂を計測した経験から推測すると，成虫1匹あたりの体重は乾燥重量にしてわずか 10〜30 μg 程度でしょう．それが10繭ついていても 100〜300 μg にすぎません．40 g は 400 万 μg ですから，繭がぶら下がっている糸が，この寄生蜂の繭にとってどれだけ強靭なものか容易に理解できるでしょう．

　同じくコマユバチ科に分類されるアオムシコマユバチは，キャベツやダイコンなどのアブラナ科の野菜類を食害するモンシロチョウの幼虫，すなわちアオムシの体内に寄生する寄生蜂として知られています．このハチは，カイコガの繭をそのまま米粒大に縮小したような端正な黄色い小さな繭をつくり，そのことが「青虫小繭蜂」の和名の由来ともなっています．生物の学名は国際命名規約というルールに基づいてラテン語でつけられますが，この寄生蜂の学名 *Cotesia glomerata* の種小名 *glomerata* とは，小さな玉を意味しています．つまり，学名もまた，この寄生蜂の幼虫がつくる繭に由来しているわけです．

図 5-2 寄主に産卵しているアオムシコマユバチの成虫 寄生されているのは，1990 年代に北海道に侵入して，今では普通種となった，オオモンシロチョウというモンシロチョウの近縁種．

　アオムシコマユバチは，モンシロチョウの幼虫がまだ小さな時期に，チョウの体内に 20 数個の卵を産みつけます（図 5-2）．卵は数日でかえり，寄主であるチョウの幼虫が植物を食べて成長するのに合わせて，その体内で血球や脂肪体などを栄養として成長します．そして，チョウの幼虫が蛹になる直前に，チョウの体表を破いて外に出て，その場で繭をつくり始めます．まず，口器で寄主体表に孔をあけると，寄主の体表に糸を固定し，それを支点として体を寄主の体外へと引っ張り出します（図 5-3A）．このとき，脱出と同時に最後の脱皮をして脱いだ皮を栓として寄主の体内に残すことで，寄主の体表から体液が漏れ出すのを防ぐ仕組みとなっています．完全に抜け出すと，今度は寄主の体の下に潜り込むように入っていき，寄主の体と他の寄生蜂の幼虫が紡ぎだす糸を頼りに，繭の形成に取りかかります（図 5-3B）．こうして，寄主の体表に姿を現してから 1 時間ほどで，大まかな繭の形が見えてきます．最終的には，これまで寄生していた寄主の体の下に，黄色い米粒大の繭がきれいに並んだ繭の塊（繭塊）が姿を現

5-2 糸を利用して厳しい環境から身を守る　　　　　　　　　　　　　　135

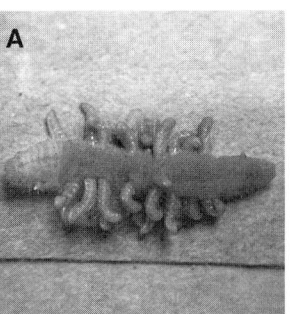

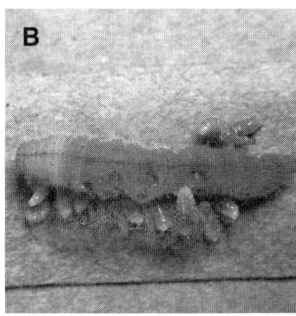

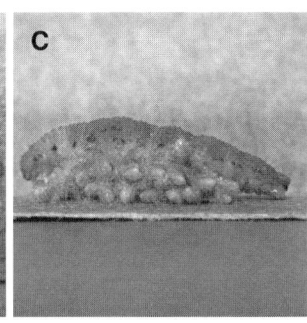

図 5-3　アオムシコマユバチによる繭の形成過程　　A. 寄主の体表を破って頭を出したアオムシコマユバチの幼虫は，まず寄主の体の外側に糸をつけ，そこを支点として体を外に引っ張り出す．B. 一度外に出ると，今度は寄主の体や周りの個体が張った糸を頼りに，寄主の体の下に潜り込み，自分の体を包むように繭をつくり始める．C. 横から見たところ．寄主幼虫の体の下に潜り込み，整然とハチの幼虫が並んで繭をつくっている様子がわかる．

します(図 5-3C)．

5-2　糸を利用して厳しい環境から身を守る

　さて，カイコの繭を米粒大に縮小したようなアオムシコマユバチの繭には，どんな機能があるのでしょう．

　寄生蜂は完全変態の昆虫の一種で，ウジムシのような幼虫から蛹を経て成虫になります．他の昆虫はむき出しで蛹になりますが，アオムシコマユバチの幼虫はわざわざ繭をつくりその中で蛹になります．野外では，アオムシコマユバチの繭塊は，寄主であるモンシロチョウ属のチョウの幼虫が食べるアブラナ科の野菜や雑草の表面などで目にすることができます(図 5-4)．

　一般に畑という環境は，日当たりが良く風通しも良いので，朝晩と昼間とでは気温や湿度が大きく変わります．このような著しい環境変化は，小さな生物にとっては非常に大きなストレスになることでしょう．

　田川純さんは，繭の乾燥に対する耐性を明らかにするために，蛹を繭から取り出したものをさまざまな湿度下で飼育して，無事に羽化できた個体の割合を比較するという実験を行いました．すると，湿度が

図 5-4 ブロッコリーの花茎に形成されたアオムシコマユバチの繭塊　真っすぐに伸びた花茎の上に小さな楕円体の繭が折り重なって塊となっているのがわかる（矢印）．写真の繭塊は，寄主がつくり出すシルク膜で表面を覆われている．寄主はオオモンシロチョウ．

低くなるにつれて，急激に羽化率が低下するという傾向が見られました．また，繭を取り除いて蛹だけを野外環境に置いた場合には，日陰でも羽化率は25％程度にまで低下し，日なたにいたっては全ての個体が羽化に失敗するという結果になりました．なお，同じ環境に繭のまま置いたところ，こちらは95％以上の個体が無事に羽化したとのことです．さらに，乾燥状態では，繭があったとしても，繭を形成した直後から羽化までの間に，体重がほぼ半分にまで減少することがわかっています．このように，アオムシコマユバチにとって，乾燥は十分に生存を脅かすストレスなのです．

　逆に湿気が多すぎるのも，繭の形成には悪影響を与えるようです．同じく田川さんと佐藤靖子さんの観察によると，外気の相対湿度が高い梅雨の時期に室内で密閉したケースの中で飼育すると，飼育環境の相対湿度が著しく高くなり，正常な繭の形成ができなくなることがあると言います．事実，彼らが行った実験によると，相対湿度が100％に達する環境下では，それよりも湿度が低い状況と比べて，寄主から

脱出して繭を形成するまでの死亡率が高くなるそうです．ひどい場合には，濡れた容器の表面で繭を形成できずに死んでしまうことから，相対湿度が高くなると糸を張る場所に結露してしまい，うまく糸を固定できないことが原因となっているのではないかと考えられます．例えば，カイコガでは 60～75% 程度の相対湿度のときに，最も状態の良い繭が得られることが知られています．アオムシコマユバチでも同様で，湿度が高すぎると紡ぎ出した糸が水を含みすぎて，均一な繭形成ができなくなってしまい，その結果，中の蛹が透けて見えるような繭になってしまうのでしょう．

湿度はまた，繭塊の形にも影響を及ぼしていました．相対湿度が低いと 1 箇所に繭が集まり，より小さく密集度の高い繭塊を形成しますが，相対湿度が高くなると，繭が分散して繭塊が大きく広くなる傾向が見られました．繭が分散して大きな塊となると，繭と繭の間隔が広がり，個々の繭の露出する表面積も広くなるので，乾燥などの環境変動に対してより脆弱になる可能性がありますし，後ほど出てくるように天敵に対する防衛も手薄になってしまいます．アオムシコマユバチの形成する繭が厳しい野外の環境変動からアオムシコマユバチの蛹を守る効果があると言えますが，きちんと効果を発揮する繭を形成するためには，それなりの条件が整わないといけないようです．

5-3 誰がために天幕を織る？
——寄生蜂による寄主の行動操作

これまで他の章も含めて紹介されてきた節足動物による糸の利用は，全て自分自身で糸を紡ぎ出して利用するという例でした．自分で糸をつくり出す能力をもつということは，自身にとって必要な量の糸を必要な時期に調達することができるという素晴らしい利点があります．その一方で，糸をつくり出すための器官をわざわざ自身の体内に備え，かつ糸をつくり出すために大量のタンパク質などを投資する必要があります．そこまで投資をしたうえで，それでも体のサイズなど

に伴う糸の太さや強度などの制約からは依然として逃れることはできないので，例えば自身に比べてはるかに体サイズが大きな天敵に対する防衛や，暴風雨などの悪天候に対して身を守る用途としては，いささか頼りないと言わざるをえません．

　この覆すことが困難な物理的な制約に対して，本章で取り上げてきた寄生蜂という昆虫は，驚異的な方法で解決策を編み出しました．それは，彼らが寄生している寄主の行動を操作して，寄主がつくり出す糸を寄生蜂自身のために利用するという手段です．たいていの場合，寄生蜂に比べて寄主は圧倒的に大きいので，寄生蜂は寄主の行動を操作することによって，自身でつくり出すよりもはるかに強靭で多量の糸を，寄生蜂自身の利益のために利用することができるという寸法です．寄生蜂は，寄主との長期にわたる相互作用の歴史の果てに，このような特異的な手法を身につけたのです．では，実際に寄生蜂がいかに巧妙に寄主の行動を操作して糸を利用しているのか，その例をいくつか見ていきましょう．

　クモヒメバチという寄生蜂のグループには，南米にいるアルギラ (*Plesiometa argyra*) という，空中に丸い網（円網）を張って昆虫を捕らえるタイプのクモに寄生する種が知られています．この寄生蜂のメス親は，針でクモをほんの短時間だけ麻痺させて，その隙にクモの体に産卵します．卵からかえった寄生蜂の幼虫は，その後クモの体表面から体液を吸って成長します．この間，クモは寄生されていない同種の個体と同じように，通常の巣をつくり昆虫を捕らえます．しかし，寄生蜂が十分に成長して蛹になる時期を迎えると，寄生されたクモはこれまでの巣とは全く異なる構造をもった，特殊なタイプの構造物をつくり始めます．

　それは，通常の同心円状に張り巡らされた横糸を欠くかわりに，幾重にも補強された放射状の縦糸の中央部から，これまた頑丈な糸でできた紡錘形の玉のような構造物がぶら下がるというものです．この繭網 (cocoon web) と呼ばれる構造物をクモにつくらせた後で，寄生蜂の幼虫は中央の構造物の内側でクモを食い殺し，自分の繭をつくりま

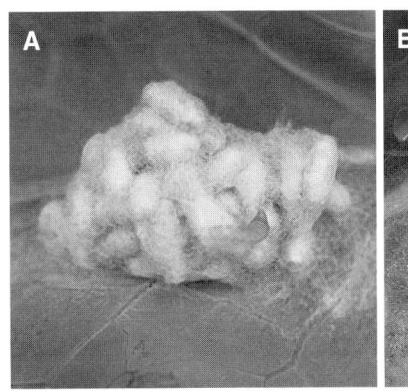

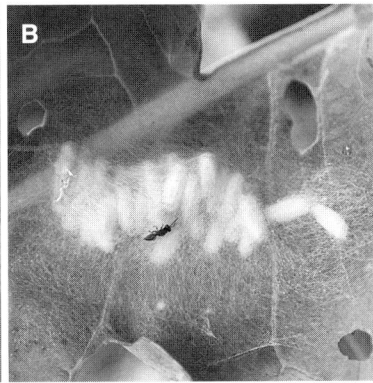

5-3 誰がために天幕を織る？ ── 寄生蜂による寄主の行動操作　　139

図5-5　外見が異なるアオムシコマユバチの繭塊　A．シルク膜で覆われていないタイプ．B．シルク膜で覆われたタイプ．繭塊の上にいる小さなハチは高次寄生蜂の一種で、アオムシコマユバチの繭に卵を産みつけようと、探索している．

す．繭網は，通常のクモの円網のように獲物を捕らえる機能をもちませんが，非常に強靭な構造をしており，暴風雨などから寄生蜂を守り，安全に蛹の時期を過ごすための揺りかごとして適した構造となっていると，発見者のエバーハードさんは考えています．ちなみに，通常の円網とは著しく形状が異なる繭網ですが，実際にはクモが通常の円網をつくる初期段階の動作の繰り返しと，その後の横糸を張り巡らす過程を省略することによってできるのだそうです．

　他にも寄主の糸を利用する寄生蜂の代表的な例として，この章で取り上げてきたアオムシコマユバチがあげられるでしょう．5-2節で，アオムシコマユバチはカイコガの繭を米粒大に縮小したような，黄色い繭がたくさん集まった繭塊をつくると説明しました．野外からこの繭塊をたくさん集めてくると，そのなかに2種類のものがあることに気がつきます．1つは黄色い米粒大の繭がたくさん折り重なっているだけの塊ですが（図5-5A），もう一方は繭塊全体が白く丈夫な膜で植物などの基質に頑丈に固定されているものです（図5-5B）．

　私が研究を始めたばかりの頃，これらは別の種類の寄生蜂なのだと思っていました．ところが，出てくる寄生蜂は同じに見えますし，室

内で同じメス蜂に産卵させた複数の寄主幼虫を育てていくと，次世代の繭塊の中には膜で覆われたものとそうではないものが見られるので，これは明らかに同種の寄生蜂の繭だということがわかります．何よりも気になったのが，寄生蜂自身がつくる黄色い繭塊の全体を外側から覆う頑丈な白い膜が，どのようにしてつくられたのかということです．

　寄生蜂は最初に白い膜をつくっておいて，その中に小さな繭をつくるのでしょうか．ところが，白い膜は，あたかもその後でつくられる繭塊に合わせてあつらえたように，隙間なく密着して繭塊を覆っており，なおかつ寄生蜂幼虫が繭をつくる様子を観察しても，最初に全体を覆うような膜をつくるそぶりは見せません．そもそも，膜は白い糸で織り上げられており，寄生蜂が自身で糸を出して形成する黄色い繭とは明らかに異なっていました．

　ずっと不思議に思っていたのですが，ふと，繭塊のかたわらに寄生されていた寄主（オオモンシロチョウ）がいることに思い当たりました．寄主は，すでに体内を寄生蜂幼虫に食い尽くされているので，もはやこれ以上成長することはできず，やがて死にゆく運命にあるのですが，実際には寄生蜂が体内から脱出しても，その後数日間は生き延びて繭塊の上や付近にとどまっていることがたびたびあったのです．それと気づいてよく観察すると，時折動いて寄生蜂の繭塊の上を往復する運動を行っているのです．さらによく見ると，そのときに口の周辺から糸を紡いで，繭塊の上から糸をかぶせていく行動が観察されました．翌日改めて同じ繭塊を観察してみると，繭は完全に白い膜で覆われていました．つまり，アオムシコマユバチの繭塊を覆う白い膜とは，寄主であるチョウの幼虫によって，ハチの繭塊が形成された後につくられたものだったというわけです．

　これは大発見だと思ったのですが，後に述べるように，アオムシコマユバチによる寄主幼虫の行動操作はすでに報告されており，残念ながら私自身が第一発見者になることはできませんでした．それでも，この寄生蜂による寄主の行動操作は，そのとき以来，私の重要な研究

5-3 誰がために天幕を織る？ —— 寄生蜂による寄主の行動操作

テーマの1つになっています．

　それでは，寄主のオオモンシロチョウがつくるアオムシコマユバチの繭塊を覆う膜は，そのコマユバチにどのような利益をもたらすのでしょうか．最新の研究成果を見ていきましょう．アオムシコマユバチに寄生されたチョウの幼虫が，アオムシコマユバチの繭塊の周辺にとどまって繭塊をシルク膜で覆う現象を最初に報告したのは，当時オランダで研究をしていたブロデュールさんとフェットさんでした．彼らは，この膜に天敵に対する防護効果があるのではないかという仮説を提唱しました．

　米粒ほどの大きさにすぎないアオムシコマユバチの蛹に対しても，野外ではさまざまな天敵が存在します（図5-6）．天敵の種類は大きく2つに分けることができます．1つは捕食者と呼ばれるもので，直接かじったり口吻を刺して吸汁するなどの手段によって，アオムシコマユバチの蛹を餌にしてしまうものです．このタイプの天敵には，クモ類，アリ類や，捕食性のカメムシなどがあげられます．

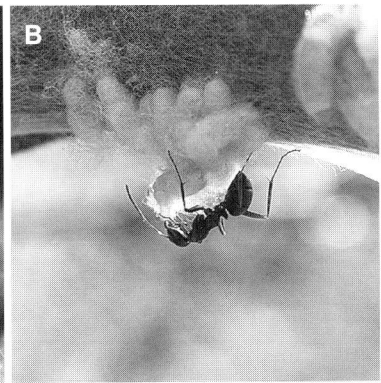

図5-6 アオムシコマユバチの捕食者　A．アオムシコマユバチの蛹を繭の外から吸汁しているカメムシの一種．B．アオムシコマユバチの繭を運ぼうとしているアリ．アオムシコマユバチは，エゾシロチョウという，幼虫がリンゴの葉を食べるチョウの幼虫にも寄生する．この時期アブラムシが出す甘露を狙ってアリがリンゴの木を訪れ，そのとき，よくアオムシコマユバチが狩られる．

もう一方は極めて特殊なタイプで，寄生蜂であるアオムシコマユバチにさらに寄生する小さなハチです（図 5-5B）．これを高次寄生蜂と呼んでおり，何と日本だけで 17 種類ものアオムシコマユバチの高次寄生蜂が確認されています．野外では，高次寄生蜂による寄生率はしばしば 60％ を優に超えるほど高くなり，1 つのアオムシコマユバチの繭塊から複数の種類の高次寄生蜂が羽化してくることさえあります．そこで，アオムシコマユバチの繭塊を覆うシルク膜に，高次寄生蜂からの寄生を防ぐ効果があるのかどうかを検証してみました．

　私が行った実験はごく簡単で，寄主幼虫が付き添っているアオムシコマユバチの繭塊と，ハチの幼虫脱出直後に寄主幼虫を取り除いた繭塊をキャベツ畑に設置して，どちらがアオムシコマユバチの羽化率が高くなるかを比較しました．キャベツ畑に 3 日間おいて，その間毎日観察して寄主幼虫が付き添っているか死んで脱落したかを記録していきます．その後全ての繭塊を回収して室内で飼育して，繭塊ごとに羽化してきたアオムシコマユバチを数えて，羽化率を比較するというものです．結果は，設置時点で寄主幼虫を取り除いたものだけでアオムシコマユバチの羽化率が低く，それ以外のものは途中で寄主幼虫が脱落したものも含めて，どれも同じくらい羽化率が高くなっていました．

　この実験の結果だけでは，繭塊に付き添っている寄主幼虫の存在が天敵に対する防衛効果を示したのか，アオムシコマユバチの繭塊を覆うように形成されたシルク膜が防衛に役立ったのか，あるいはその両方の効果が相乗的に働いたのか，判別することはできません．そこで，室内でシルク膜を取り除いた繭塊を用意し，それに寄主幼虫に付き添わせたものとむき出しの繭塊だけのものを，アオムシコマユバチの高次寄生蜂に半日間ほど自由に寄生させてみました．すると，繭塊ごとに無事に羽化してくるアオムシコマユバチの比率は，寄主幼虫が付き添っているもののほうが高くなるという結果となりました．このことから，少なくとも私が行った実験環境では，寄主幼虫の存在自体が防衛効果を果たしているということがわかります．しかし，この室

内実験の結果は，設置時点で寄主幼虫を取り除いたもの以外はアオムシコマユバチの羽化率が変わらなかった，という野外実験の結果といくぶん矛盾するところがあります．すると，私が直接調べていなかったシルク膜も，高次寄生蜂に対する防衛効果を発揮している可能性があるのかもしれません．なぜなら，アオムシコマユバチの繭塊を覆うシルク膜は，繭塊が形成されてから1～2日間という比較的初期の段階で完成することから，寄主幼虫が脱落した後も防衛効果を発揮すると考えられるからです．

　私が前記の研究を実施していたのとほぼ同時に，オランダの研究者ハービィさんたちのチームは，室内でアオムシコマユバチの繭塊を高次寄生蜂に与えて，そのときのアオムシコマユバチの羽化率を比較しました．彼らが用意した組み合わせは4種類あり，① シルク膜で覆われていないアオムシコマユバチの繭塊の上に寄主幼虫が乗っているもの，② シルク膜で覆われた繭塊の上に寄主幼虫が乗っているもの，③ シルク膜で覆われていない繭塊から離れた場所に寄主幼虫がいるもの，そして ④ シルク膜で覆われた繭塊から離れた場所に寄主幼虫がいるものです．この実験では，寄主幼虫が繭塊の上で高次寄生蜂を追い払う効果と，シルク膜が高次寄生蜂を防ぐ効果の，どちらがアオムシコマユバチの生存に有利に効くかを判別することができます．結果は明瞭で，シルク膜で覆われたときのみ，アオムシコマユバチの成虫の羽化率は上昇し，それ以外は寄主幼虫がいようがいまいが影響はないというものでした．

　私の実験結果では，寄主幼虫が繭塊に付き添うこと自体が，高次寄生蜂からの防護効果があるというものでしたので，彼らの結果とは若干異なっていますが，これは利用した高次寄生蜂の種類と生態の違いや，それらを取り巻く進化的な背景なども影響を与えている可能性があるので，どちらが正しいかを決めることはできません．むしろ，それぞれの環境で双方が正しいとみるのが適切でしょう．また，ハービィさんたちも，寄主幼虫が繭塊に付き添っていることそれ自体も，カメムシなどの捕食者に対しては有効な防衛となるだろうと主張してい

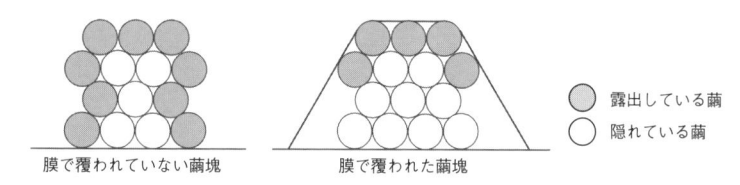

図 5-7　シルク膜による繭の防護のモデル　シルク膜で覆われていない繭塊では，表面の繭は天敵に対してさらされているが，シルク膜で覆われていると接触できない繭が現れると考えられる．

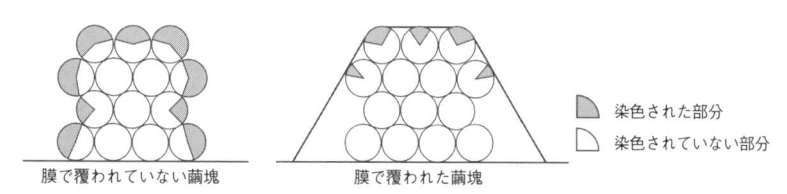

図 5-8　繭の露出度と染色部位の関係の模式図　シルク膜で覆われていない繭塊では多くの繭が着色されるが，シルク膜で覆われた繭塊では全く外にさらされていない繭の比率が高くなる．

ます．なぜなら，カメムシなどの捕食者には他に利用できる餌の種類がたくさんあるのに対して，高次寄生蜂はアオムシコマユバチの繭に専門化しており依存する度合いが高く，そのためアオムシコマユバチの編み出した防衛策に対抗して適応するだけの進化を遂げてきたはずだからです．

　ともあれ，オムシコマユバチが寄主であるチョウの幼虫を「操作」してつくり出すシルク膜が，効果的な防衛手段だということがわかりました．それでは，シルク膜はどのような仕組みでアオムシコマユバチの繭を天敵から守っているのでしょうか．アオムシコマユバチの繭塊を観察してみると，小さな繭が比較的規則的に，互いにしっかりと密集している様子がわかります．奥のほうにある繭塊は，表面からはほとんど見えません．アオムシコマユバチの高次寄生蜂は，アオムシコマユバチと同じかそれよりも小さいくらいの体サイズですので，産卵管の長さもそれほどありません．したがって，奥のほうの繭には産

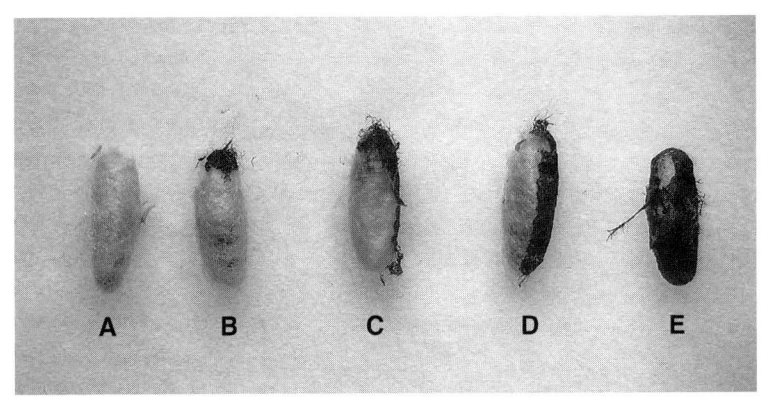

図5-9 染色部分のクラス分けの一例 黒く染色されたところが，天敵に対してさらされている部分に相当する．A. 全く染色されていない繭．B. 全体の1/4未満が露出していた繭．C. 1/4〜1/3が露出していた繭．D. 1/3〜1/2が露出していた繭．E. 全体の半分以上が露出していた繭．

卵管の長さが足りずに産卵できないはずです．まして，これがシルク膜で覆われているとなると，シルク膜と接していない繭には，接触すらできないでしょう（図5-7）．

　そこで，私たちはアオムシコマユバチの繭塊を，筆を使い墨で着色してしまうことを思いつきました．個々の繭が外部に対して露出している表面積に応じて着色されるので（図5-8），墨が乾いてから繭を1つずつほぐしていくと，それぞれの繭の露出度を知ることができるという寸法です．この方法で，あらかじめ高次寄生蜂に寄生させたシルク膜で覆われた繭塊と覆われていない繭塊について染色を行い，繭の表面積に占める着色された部位の広さに応じて，全く着色されていないものから半分以上が着色されたものまで，5つのクラス分けをしました（図5-9）．こうして，その後個別に繭を飼育して，それぞれの繭からアオムシコマユバチが羽化するか高次寄生蜂が羽化するかを調べました．

　すると，全く外部に露出していない繭のみが他と比べて著しく高次寄生される率が低く，それ以外の繭は特に露出部の広さに関係なく比較

的一様に高次寄生を受けやすいということが明らかになりました．つまり，ほんの少しでも露出していると寄生されるのです．しかし，シルク膜で覆われた繭塊では，覆われていない繭塊と比べて，全般的に繭の露出度が低くなっており，それに伴い高次寄生を受けにくい全く露出しない繭の比率も高くなっていました．このことから，シルク膜はアオムシコマユバチの繭塊を覆うことで露出しない繭を増やすことにより，高次寄生蜂からの寄生を防ぐ効果をもつことがわかりました．

　これまで見てきたように，自身で糸をつくり出すにせよ，寄主のつくり出す糸を利用するにせよ，寄生蜂による糸の利用は実に巧妙なものと言えます．このような適応は一朝一夕にしてつくられたものではなく，長い間にわたる寄生蜂と寄主，そして天敵などの周囲の環境による影響のもと，数多の変異のなかから最も環境にうまく適応したものが選抜された結果として，現在見ることができるものなのです．そして，その変化は今もなお続いています．

　昆虫というごく小さな生物がつくり出す構造物のなかにさえ，悠久の時間という一見意識しない縦糸の上に，横に広がった生物間の相互作用という横糸によって編み込まれた雄大な歴史のタペストリーを，我々は見いだすことができるのです．

6
チョウとガの糸

(佐原 健)

6-1 カイコ

　糸を出すムシと聞けば，真っ先に「カイコ（蚕）」の繭を思い出される方が多いと思います．この繭とはカイコが蛹を過ごすための入れ物なのです．カイコ終齢幼虫は，繭をつくり始めてすぐに液状の糞をして腸内を空っぽにします（4-3節参照）．それから約2日程度で繭を完成させ，さらに2日程度で幼虫の皮を脱ぎ，蛹になります．人間は大昔から，この繭をほどいて絹糸を取り出して利用してきました．カイコはミツバチと並んで，人間によって利用されてきた昆虫の代表です．

　カイコの体内には1対の絹糸腺があり，先端（身体の前方）が1本に合わさっています（図6-1）．この絹糸腺は，後部糸腺，中部糸腺および前部糸腺という3つの部分からなり（図6-1），後部糸腺細胞でフィブロイン，中部糸腺細胞ではセリシンという別のタンパク質がつくられます．これらのタンパク質が絹糸腺内でどんどん生産され，その圧力で連結部から前部絹糸腺（ここでフィブロインの外側をセリシンが覆うような構造になり），そして紡糸口（吐糸口，出糸口）（Box 6-1）へと押し出されます（この段階では液体で，液状絹と呼ばれる）．液状絹は連結部分から紡糸口までの細い短い管を通る間に太さが整えられ，紡糸口からあふれ出ます．カイコがそれを何かに付着させて，胸と頭を8の字に振ることよって生じる力（応力）で，液状絹が紡ぎ出され，空気に触れることで固まって生糸になるのです．この過程は合成繊維

を作製する機械と対応させると，絹糸腺細胞は合成繊維の重合装置，液状絹は紡糸タンクにためられたポリマーに相当します(1-2節参照)．

カイコが糸を紡ぎながら行う8の字運動は，繭が完全に形成されるまで続きますから，1つの繭はつながった1本の糸でできているのです．ただし，繭ができるためには1つ条件があります．糸を張る足場となる2面以上で囲まれた立体空間が必用なのです．実際，平らなところにカイコを置くと，平面吐糸と呼ばれる行動を示し，繭は形成さ

Box 6-1　吐糸口は正しい？

映画などで知られるモスラという怪獣の幼虫はカイコ幼虫によく似ている．ただし，モスラは静止した状態から糸を吹き出して攻撃に使うことができる．このように糸が出されるのであれば，モスラの糸は「吐糸口から噴出される」とか「吐き出される」と言べきであろう．しかし，馬越淳さんと馬越芳子さんによれば，カイコの場合「吐糸」しているとは言えないのだそうである．つまり，モスラのようなことはできないのである．

カイコの絹糸腺には液状絹を押し出す筋肉は用意されていない．絹糸腺内にたまった液状絹のうち大量に生産された糊状のセリシンがあふれ出て出糸口のところで球状になり，この1粒が何かにくっついて，そこが起点となって，その後はカイコが行う8の字運動により，絹が1分間に約60 cmほど引き出されて繭を形成するのである．したがって，長年の呼称であるカイコの「吐糸口」は，今後は「紡糸口」と呼ぶべきだと結論している．また，同じような理由から，昆虫，ダニ，クモ類の研究者の間では，糸を出す部分を「出糸口」と呼ぶこともある．本書では最初の定義(Box 0-1)に従って紡糸口とした．

なお，子どものころに見た映画を思い出してみると，初めて出現したモスラは東京タワーを二つ折りに壊し，その間に糸を噴出して繭をつくっていた．東京タワーのような大きな網目状の構造の空間はカイコが最も繭をつくりやすい場所なので，この点はカイコの場合によく符合している．

6-2 繭の形

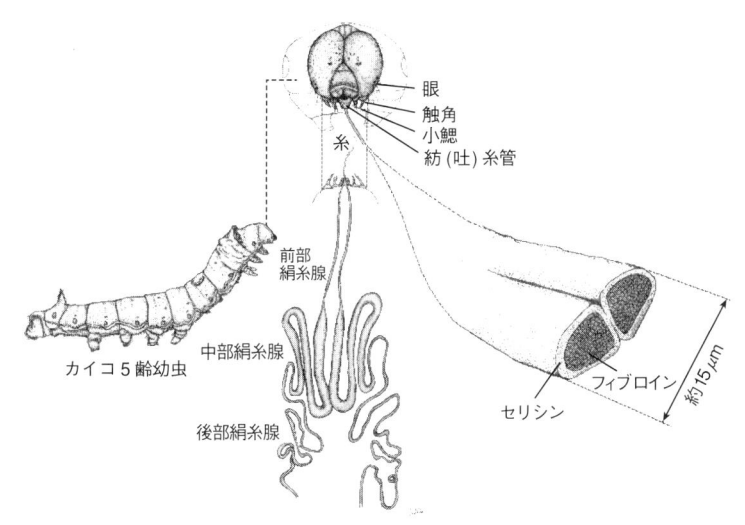

図6-1 カイコ5齢幼虫，絹糸腺および絹糸の構造

れません．

　繭がひとつながりの糸でできていると書きましたが，1対の絹糸腺からそれぞれ液状絹が引き出されて生糸になるわけですから，ダニの糸と同様（2-1節参照），正確には2本の糸のはずです．生糸の断面を見ると，そのことがよくわかります（図6-1）．また，生糸がフィブロイン部位とそれを取り囲むセリシン部位からなることもわかるでしょう．

6-2 繭の形

　現在飼育されているカイコにはさまざまな種類（品種）があります．それらは，さまざまな大きさ・厚さ・形の繭をつくります．まず，繭の重量は，後述する生糸の量（長さ，太さ）により決まります（7-4節参照）．一方，繭の形は，8の字運動（図6-1の左図のように頭と体を持ち上げて，空中に8の字を描くように振る）を行いながら足場を変える行動の変異によって，いろいろになるようです．足場が1点であれば球状，足場がある程度離れて2点になると楕円球形の繭がつくられるの

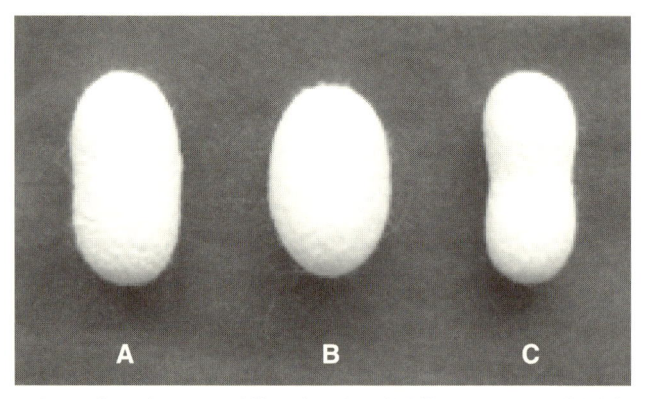

図6-2 **カイコ繭の形**　A. 長楕円球に近い欧州種のバクダット（生産年不明）．B. 球に近い中国種の支那特大（大正14年（1925年）産）．C. 落花生形をした日本種の青熟（大正8年（1919年）産）．いずれも北海道大学大学院農学研究院応用分子昆虫学研究室保存．

です（図6-2）．「日本種」と呼ばれるものは，繭が落花生の殻に似ていますが，これは足場を移動して小さな円運動を2箇所で行うために，こうした形になるのです．また，繭の形の特徴と由来の近似性から，球状繭は「中国種」，楕円球繭は「欧州種」に区別されています．

　ところで，カイコが繭をつくるために必要とするスペースも実は品種によって異なっています．個別の繭をつくれるスペースがない場合，カイコはいったいどうするのでしょう？　そんなときは2個体が一緒になって繭をつくってしまいます．こんな繭は同功繭と呼ばれます．「大如来」と呼ばれる品種にいたっては，この共同作業が大好きで，しかも縦列状に連なった同功繭を3個体でつくってしまうこともあります．2個体が一緒に繭をつくるわけですから，糸が複雑に交叉しあってできている同功繭から1本の生糸を繰糸することはできません．しかし，同功繭は繭を柔らかく伸ばして「真綿」と呼ばれる状態にしてから，昔ながらの紡ぎ糸をとるためには適しています．2個体がつくった繭ですから大きな「真綿」ができます．

　真綿用には同功繭が，一方，自動繰糸機が導入された繰糸には個繭がそれぞれ好ましいのです．特に実用的に飼育する場合，狭いスペー

スで繭をつくらせても個別の繭をつくることが良い品種の条件となりました．こうなると人の手による選抜（育種）の出番となります．繭をつくるときに孤独を好む品種を「繰糸用」，協同を好む品種を「真綿用」としてつくり上げてしまったのです．こんな風に全く逆の特徴を引っ張り出して固定してしまうことなど，カイコ育種（7-4 節参照）では自由自在なわけです．

6-3 繭の色

　カイコの繭には，形に違いがあるとともに，白色，黄色，肉色，黄金色，笹色，緑色などさまざまな色の違いもあります．今から 100 年以上も前，黄色と白色繭をもつカイコを使った交配実験で，エンドウマメで発見されていたメンデルの遺伝法則が，動物でも成り立つことが初めて示されました．黄繭と白繭のカイコを交配すると子の繭色が全て黄色になり（優性の法則），孫の繭色が黄繭と白繭で 3：1 に分かれる（分離の法則）ことがわかったのです．さらに，黄繭のカイコの体液が全て黄色であったことから，この見た目（表現形質）をつかさどる遺伝子座が「黄血」（Y）と名付けられました．

　ところで，この黄色い色はどこからくるのでしょうか．それは餌としているクワの葉に含まれる脂溶性のカロテノイドという黄色い色素に由来します．「黄血」遺伝子をもつカイコでは，餌から腸へ入ったカロテノイドが，腸の細胞を経て体液中へ，体液中から中部絹糸腺へと運ばれ，最後にセリシンを含む液状絹へと移行するので，糸が黄色く着色するのです．

　最近，作道隆さんたちによる分子レベルでの研究によって，この輸送のうち腸管から腸の細胞，ならびに絹糸腺から液状絹糸へのカロテノイド輸送に関わるのがカロテノイド結合タンパク質だということが，明らかになりました．つまり，「黄血」遺伝子座の正体，カロテノイド結合タンパク質をコードする遺伝子だったのです．それでは，他の部分での輸送には何が関わっているのでしょうか．分子レベルでの

実体は判明していませんが，腸の細胞から体液への移送には非黄血抑制遺伝子座（$+^I$）が，体液から絹糸腺細胞への輸送には外層黄繭遺伝子座（C）がそれぞれ想定されていました（ごく最近，Cの正体が作道さんたちによって特定されています）．つまり，カイコの繭が黄色になるためにはYと$+^I$とCをもっていなくてはいけないのです．Cのかわりに肉色繭遺伝子座（F）をもてば，繭は肉色となり，CとFの両者をもてば黄金色繭になるのです．

笹色と緑色繭もクワに含まれる色素の1つであるフラボノイドが絹糸腺まで輸送されて繭色に反映されたものです．しかし，水溶性のフラボノイドの移送は，上述したカロテノイドとは異なります．大門高明さんたちの研究からこの形質の遺伝子座（Gb）の実体はUDP-グルコース転移酵素遺伝子（Bm-$UGT10286$）であることが明らかになりました．なお，フラボノイドを含む緑色系の繭にはカイコの蛹，特に前蛹と呼ばれる蛹になる直前のカイコを紫外線から守る効果があることも併せて解明されています．

6-4 幼虫の糸

カイコの幼虫が活発に糸を紡ぎ出して繭をつくる時期は，蛹になる直前であることは誰でもご存知と思います．カイコ幼虫はキチン質の皮膚に覆われているため，ある程度の大きさになると脱皮しなければ，それ以上大きくなれません．通常，4回脱皮を繰り返して成長した5齢幼虫が繭をつくります．5齢幼虫が十分に成長すると，繭をつくるために糸を出すのです．それでは，カイコ幼虫はこのステージになるまで糸を出さないのでしょうか．そんなことはありません．孵化したばかりの幼虫も絹糸腺をもっていて，糸を出すことができるのです．繭をつくるときに糸が紡がれる仕組み（Box 6-1）を考えてみると，カイコが動けば，糸が紡がれるはずです．

繭をつくらないからといって，この時期の糸はただ無用に出されるわけではありません．幼虫は孵化直後からクワに取り付くための座と

して糸を使っています．脱皮のときには，腹部を糸でわざわざ固定して古い皮膚を脱ぐために利用します．クワを食べるような小刻みな動きのときに糸は出ていないようですが，半日程度飢えると歩き回っている場所に糸が見えるようになります．飼育中に逃亡しないように動き回らなく改良されたカイコですが，餌を求めて糸を引きながら分散を試みるのだと思われます．このときにカイコの幼虫が出す糸は，他の多くの昆虫やクモ，ダニのように野生であったときには，餌を探して移動中起こりうる，クワからの落下を防ぐ命綱として利用されていたのかもしれません (2-4 節参照)．

6-5　糸のコスト

　カイコが糸を紡ぐことは，カイコにとってどの程度の負担になっているのでしょうか．つまり，糸がコストになっているのかどうかについて，赤尾晃さんが絹糸腺を摘出したカイコを用いてユニークな研究を行っています．えっ？　と思われる方もいるかもしれませんね．3回目の脱皮が終わった4齢幼虫の絹糸腺を摘出しても，一部のカイコは発育することができます．必要なだけ，同じ成長段階の個体数を飼育できるカイコは，それだけでも実験しやすい昆虫ですが，幼虫も十分な大きさがあり取り扱いが簡単ですから，こんなユニークな実験までも可能なのです．

　餌を制限して飢えさせた場合，4齢で絹糸腺を切除したカイコの5齢幼虫メスでは，絹糸腺があるメスより造卵数が多くなります．つまり糸をつくらなければ，卵をより多くつくれるということですから，糸の生産にはコストがあると考えられます．ただし，満腹幼虫との造卵数の差は，飢えの程度を緩和するほど，小さくなり，1日くらい飢えさせた場合では，その差がほとんど無くなります．また，絹糸腺を摘出した5齢幼虫に餌を十分に食べさせると，不思議なことが起こります．5齢幼虫は蛹になることなく膨れ上がって死んでしまうのです．しかもそれはメスにもオスにも起こるのです．絹糸腺にいくべき

大量の絹タンパクの材料が行き所を失って体内にたまり，アミノ酸過剰症にかかるのです．さらに，絹糸腺を通じて排出されるはずの水分が体内に残るために起きる生理障害もこの膨満死の原因の1つにあげられています．これらから考えると，絹糸腺は余分な栄養や水分の排泄器官を兼ねているようです．

　つまり，糸は捨てるものでできているのですから，それを紡ぐコストがあるにしても，あまり大きなものではないと言えます．また，餌の摂取量が糸のコストを決めるらしいことも先の実験からおわかりいただけたでしょう．自然界に生活する生き物は餌の足りない状況のほうが多いでしょうから，カイコ以外の動物では，糸に対して多少のコストはかかっているのかもしれません．しかし，カイコの実験のような深刻な餌不足の状況では，むしろ餓死することも多いでしょう．多くのムシで通常の餌状況では，糸のコスト検出が難しいとされていますが，それは無理ないと思われます．飼養動物として長い間改良されてきたカイコだからできた実験なのかもしれません．

6-6　どうして繭をつくるのか

　蛹はもちろん移動することができません．この動くことができない危険な時期を繭の中で過ごすことで，クモやハチ，アリ，鳥などの天敵から身を守っていると考えられます．また，繭は湿り気にも強いのでカビや細菌が蛹に繁殖するのを防いでくれます．さらに，繭は，蛹を紫外線から防護する効果があることがわかっています．そして，その効果は前に述べたようにフラボノイドの色素があれば俄然強くなります．カイコと同じクワを食べ，カイコの祖先種と考えられるクワコの繭にはフラボノイド色素が含まれています．カイコの繭の多くが白であるのは，人間が糸として利用するときには色素が邪魔になるので，色素のない個体を選んできたからです．

　繭は外敵から身を守る手段であり，成虫までの安全を確保してくれるシェルターの役割を果たすことは言うまでもないでしょう．ただ

6-7 繭をつくる他のチョウ目昆虫

　ガとチョウの仲間はチョウ目昆虫と呼ばれます（Box 6-2）．カイコに近縁なヤママユガ科に属するガの仲間もその名のとおり繭をつくりますし，その他のグループにも繭をつくるものがいます．ヤママユガ科には，本邦在来種としてヤママユ（*Antheraea yamamai*）がよく知られています．鮮やかな緑色の繭をつくるヤママユは，天蚕とも呼ばれ，皇居でも飼育されています（7-6節参照）．このガの緑色はカイ

Box 6-2　ガとチョウの違い

　ガとチョウは一般的に別々のものと見られがちである．色や形の艶やかさからチョウをガとは区別したくなるのもわからないでもない．しかし，ガとチョウの成虫の体には鱗状の毛があることからチョウ目昆虫という同じグループに分類される．

　それでも，昼間に飛んでいるのがチョウ，夜に飛ぶのはガと言いたくなる．確かに夜行性のガは多いし，夏の夜に外灯に集まる様子は，昼間花の蜜を吸いに集まるチョウの姿とは優美さという点で比べものにならない．ただし，トンボエダシャクなどのように昼間に飛んでいるガもいるし，夕方暗くなってから活動するチョウもいる．また，翅を立ててとまるのがチョウという定義も，そういうチョウが確かに多いが，ガのなかにも翅を立ててとまる種類がいる．

　ガは幼虫が毛虫だから嫌なのよという人も多いが，残念ながらガであるカイコには，それとわかる毛はない．一方，タテハチョウの幼虫なんて真っ黒で，表面がイガイガで毛が生えているように見える．エゾシロチョウの幼虫は完全に毛虫である（図6-4D参照）．このように形態分類学上両者を明確に分けることができないので，「チョウ目昆虫」＝「ガとチョウの仲間」という言い方をするしかない．

コのフラボノイド系色素とは異なり，ビリンという青色の色素と，餌に含まれるカロテノイドに由来します．また，青色が繭に含まれない黄色繭や黄色みの少ないエメラルドグリーン繭なども知られています．このような色つき繭はやはり紫外線遮断効果が高いようです．ガの繭には捕食者や見えない敵の紫外線から身を守る効果に優れるものなど，さまざまなものがあるのです．

　カレハガ科のマツカレハなどの繭には幼虫時代の刺毛が含まれます（図6-3A）．アフリカに生息するマダガスカルトゲマユカレハ（*Borocera madagasucariensis*）やゴノメタ属（*Gonometa*）の幼虫も自らの刺毛を繭の表層に付けます（図6-3B）．後者はさらに，人が採集するのにも苦労するような固く長い針をもつ植物の針と針の間で繭をつくりま

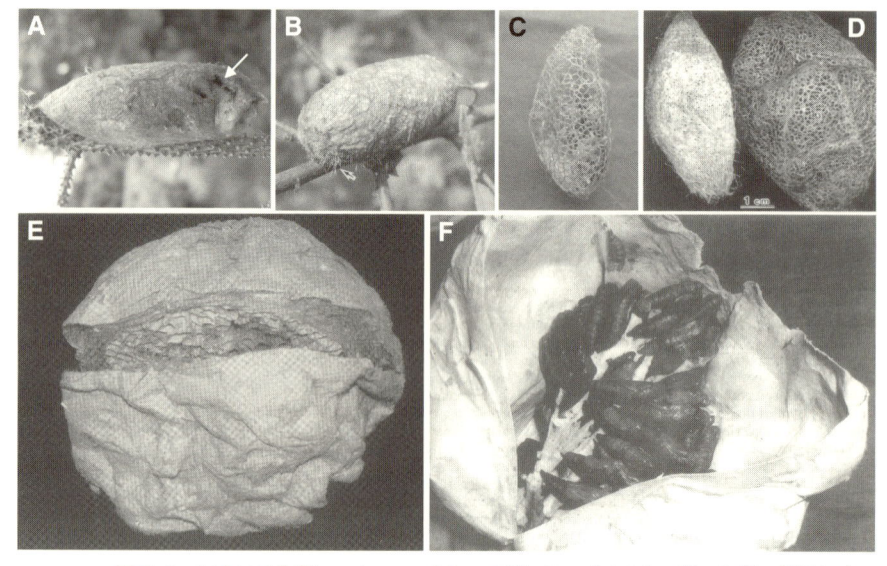

図6-3　いろいろな繭　A. マツカレハの繭．B. ゴノメタの繭．矢印の部分に自らの刺し毛がつけてある．C. クスサン（栗毛虫）の網目繭．D. アポロヤママユの二重構造繭．右が外層，左が内層．それぞれ糸の太さだけでなく色も異なる．E. アナフェ繭．中心に見える孔が各個体の繭部分．その外側が協働してつくった全体繭．大きさは長さ20 cm程度．F. スゴモリシロチョウ繭巣．数十個体の蛹が内部に見える（B, D〜F：赤井弘氏より許諾を得て掲載）．

す．いずれも，鳥などの捕食者から免れるための行動だと考えられています．

　ウガンダやマダガスカルなどに生息するギョウレツケムシ科のアナフェ属 (*Anaphe*) のガにいたっては，数百個体がまとまって外層と内層をもつ巨大な楕円状の繭をつくります．それぞれの個体は，その巨大な繭の中にさらに個繭をつくって蛹になります（図6-3E）．外側の繭の外層は非常に固く，鳥だけではなくサルなどからの食害も受けないと考えられます．そんなに固い外層をつくってしまったら，羽化後に外界へ出てこられるのでしょうか．実は，蛹になる前にあらかじめ細い抜け孔をつくっているから大丈夫なのだそうです．この種ではたくさんの個体が繭塊をつくることから，協働的社会の存在があると考えられます．同じように，20個体以上の集団で繭巣をつくり蛹になるスゴモリシロチョウ (*Eucheira socialis*)（図6-3F）の学名には "*socialis*" と，はっきり記述されています．命名者は，集団で繭をつくる行動から，このチョウに社会がある，と考えたのでしょう．

　ヤママユガ科では，糸で網目状の繭をつくる栗毛虫ことクスサン (*Caligula japonica*)（図6-3C）が知られています．マダガスカルのアポロヤママユ (*Ceranchia appolina*) は，編み目状の繭の中にさらに小孔のある繭をつくるといった二重構造の繭をつくります（図6-3D）．外側の繭の糸繊度は内側よりも太いものが使われます．本種がどうしてこのような形の繭をつくるのかについては明らかではありませんが，こちらも中の蛹を鳥などの食害から守る役割が大きいと想像できます．

6-8　繭をつくらないチョウ目昆虫の糸

　ガとチョウの仲間には，蛹のための繭をつくるのではなく別途糸を利用した生活をしているものがいます．多くの幼虫は，先に紹介したカイコと同様に脱皮を補助するために，腹部に絡めた糸を利用します．また，防衛に糸を使うものには，ミノムシ（ミノガ）やハマキガなどがいます．ミノガの仲間は，幼虫から蛹，メスの場合には成虫にな

図6-4 いろいろな糸の使い方　A. 糸を使い，枝にしっかりと固定された蓑．B. ハマキガの巣を開いたところ．矢印の部分に幼虫がいて，本来は幼虫上部に見える糸で葉を巻いて隠れている．C. リンゴスガの糸に覆われたリンゴの木の一部．枝に張られた網には幼虫の糞(黒点)が多数見られる．葉は食い尽くされ木全体が糸で覆われていた(吉戸敦生氏提供)．D. エゾシロチョウの幼虫．葉は食い尽くされ，糸でつくられた天幕状の糸の上にいるところ．

って産卵するまで過ごす簑(図6-4A)を糸で小枝や葉を絡めてつくります．いわば個室型の巣をつくっているのです．ハマキガの仲間(図6-4B)は，その名のとおり葉の先端などを糸で絡めて巻き，その中で蛹になります．幼虫のときにも葉を湾曲させるように糸をかけたり，糸を使って葉を巻くものもいます．

　落下の危険防止のために糸を使うものにはリンゴスガやアメリカシロヒトリの幼虫がいます．集団生活をする幼虫が，糸を引いて歩き回るので，餌となる木全体が糸で覆われてしまうこともあります(図6-4C)．ナミハダニの不規則立体網によく似ています(2-5節参照)．その結果，枝と枝とをつなぐ道として糸が利用されますし，捕食者からの防衛にもなると思われます．また，これらの糸は，餌が無くなったときに分散する手段としても使うのでしょう．また，前出のミノガ幼虫はクモやハダニ(2-4節参照)のように遊糸を出して風に乗って分散することが知られています．

　他にも，集団で生活して糸を張るものに，天幕毛虫と呼ばれるオビカレハや，夏の真っ盛りには幼虫で冬眠に入るエゾシロチョウ(図6-4D)などがいます．これらは，リンゴスガなどとは異なり，木全体に立体網を張るのではなく，枝ごとに糸を張り，厚い幕状の網をつくります．

　糸は蛹を固定するためにも使われます．皆さんよくご存じのモンシロチョウとタテハチョウは，どちらも糸を使って蛹の尾部を強く固定します．尾部のみを固定するタテハチョウの仲間の蛹は，頭部を地面の方向に向けてぶら下がることになります(垂蛹)．モンシロチョウの仲間はさらに半円状の翅となる部分に糸で輪をかけて蛹の頭部が上を向くようにします(帯蛹)．

　このような糸の利用法は，成虫にこそ立派な翅があり空中を自在に動き回れるガやチョウも，幼虫は翅をもたない不自由なイモムシ型であることに関係しているのでしょう．この時期に糸は翅の代替として，3次元の生息場所でさまざまに使われているのです．

6-9　水にすむトビケラの糸

　トビケラ (Box 6-3) は，ガやチョウと目は違いますが，近縁な仲間なので，ここで触れておきます (3-2 節も参照)．このグループは水生昆虫で，卵から蛹の時期を水の中で過ごします．成虫になると毛のある翅を得て水中から飛び立ちます．トビケラ幼虫は糸を使って「家」をつくり，流れてくる枯れ葉を食べて成長します．この「家」は形態によって大きく 2 つに大別されます．ただし，肢の爪で川底の石などにしがみついて生活する型 (そのしがみついた形から葡萄型と呼ばれる) もいて，これは家をつくりません．トビケラの仲間ではマイナーですが，ホタルなど他の昆虫にも葡萄型に属する水生昆虫がいます．

　2 つの「家」は移動可能な巣 (携巣型) と固定型の巣 (造網型) です．携巣型は落ち葉や枝などの小さな植物片を糸で重ね合わせてつくられます．小枝や木の皮などを糸で綴り合わせてつくられた「家」はミノガの蓑やヤドカリの貝殻に似ています．また，礫や砂粒を材料として糸で綴った「家」もあります．これらの糸は糊の役目が強いと思われますが，絹タンパクからつくられています．たいていの家は鞘や筒状の形をしていますが，カタツムリのような渦巻き状，2 枚の葉を合わせただけのものなどがあります．造網型の巣では，水中の石の上に植物片や砂礫などを張り合わせて「建てた家」の「玄関」にクモの巣が

Box 6-3　ザザムシ

　天竜川など信州の川で捕獲されるトビケラ幼虫は，カワゲラ幼虫などとともに古くからこの地方では食料とされていた．今日でも，「ざざむしの佃煮」が郷土料理として振る舞われているほか，信州伊那谷の珍味として「いなご・蜂の子・カイコ」などとともに佃煮の缶詰が販売されている．最近 TV 番組でも，蜂の子の佃煮と同様に，奇習として紹介されたことがあるので，記憶にある方も多いだろう．

張られているかのような様相を呈します．この網は水流に逆らって張られ，そこに流れてきた枯れ葉などを引っ掛けて食べています．

　波多野友博さんの研究によれば，造網型に分類されるヒゲナガカワトビケラの糸にはカイコと同様，1対の層が見られます（図6-1参照）．ただし，カイコのセリシン層にあたる層は非常に薄く，ほとんどないと言ってもよい程度のものです．この虫の糸は接着性が非常に強く，鉄はもちろんエチレン樹脂の一種まで接着することができると言います．しかも，その接着面は電子顕微鏡の観察によっても隙間を見つけることができないほどの密着度になっています．

　これほど接着性の強い糸をもつ造網性のトビケラ仲間は，急流にも生息できます．そして，張られた網が落ち葉などをせき止めるので，大量に虫が発生すると，水の流れを緩やかにするのです．この性質が，実は水力発電所では大問題になります．藤永愛さんと坂口勇さんの報告によると，トビケラ類の網による発電出力の低下は，総発電量の約10%に及んでいるそうです．出力低下が顕著となった発電所では，トビケラを除去するための水路清掃が行われますが，大量に発生したトビケラと清掃作業とのイタチゴッコになるようです．原発による発電の是非が大きく問われている今，環境負荷の少ないエネルギーの創出が重要な関心事です．水力発電は再生可能エネルギーの1つとしてその役割が見直されていますが，自然を利用するにもなかなか苦労があるということです．自然もそんなに簡単には，人間によるエネルギーの大量消費を許してくれないのかもしれません．

6-10　絹タンパク遺伝子とその進化

　カイコの繭の糸が主にフィブロインとセリシンという2つのタンパク質からなることは先にお話しました．後部絹糸腺でつくられるフィブロインは長い（350KDa）フィブロインH鎖，短い（30KDa）フィブロインL鎖とP25（フィブロインヘキサマリ）タンパクからできています．S-S結合したフィブロインH鎖とL鎖がそれぞれ6分子集まり，

1分子のP25が結合した複合体が後部絹糸腺内部に分泌され液状フィブロインとなります．つまり，13個の分子が1つになってフィブロインを構成するのです．

ところが，カイコに近縁なヤママユガのフィブロインにはP25がなく，H鎖とL鎖の2分子だけでフィブロインが構成されています．この違いを説明するために，フィブロインを構成する分子の進化に関して，2つの仮説が成り立ちます．1つは，カイコが新たにP25を獲得したというもので，もう1つは，ヤママユガがP25を喪失したというものです．どちらであるのかは，カイコやヤママユガより祖先的と考えられるガとチョウの仲間の遺伝子を調べることでわかります．米村真之さんの研究によりその答えが得られています．両種の共通祖先だとされるリンゴスガの仲間がP25をコードする遺伝子をもっていたのです．さらにさかのぼってトビケラの仲間を調べてみると，どの種にもP25はありませんでした．こうした結果から，13個の分子がフィブロインをつくるカイコタイプ（P25をもつ）は，2億5千万年前くらいにガとチョウの仲間に生まれたと考えられます．それを喪失したヤママユガタイプが，その後の進化の過程で再度出現したのだと推測されます．

一方，クモの糸の遺伝子を見てみると，フィブロインのH鎖に対応すると考えられる遺伝子をもつ種がたくさん確認されています（1-3参照）．ですから，フィブロインのH鎖について言えば，それはもっともっと古い時代の共通の祖先で進化したものなのでしょう．いつ，どこで，どんな祖先動物にシルクが生まれ，どのように進化してきたのか，詳しい解明が待たれるところです．

6-11 遺伝子から見た糸の強さと伸縮性

タンパク質はアミノ酸が集まってできています．X線を使った構造解析とアミノ酸配列の比較から，どんなアミノ酸が並ぶと，どういうタンパク質構造になるのかが推定できます．遺伝子から予測される絹

タンパク質はβシートと呼ばれる，シート構造になっています．シートが交互に重なり合って配置されることで強い糸になっているのです．トランプ1枚がシートと考えればわかりやすいでしょう．トランプが重なっていると破ったり割いたりすることができないように，絹糸もシートの重なりで強度を増しています．重なったトランプをスライドすれば縦長に並べることができます．絹糸もシートが引っ張られれば伸びます．これが伸縮性を生んでいるのです．さらにクモの糸ではこのシートの構造のほかにバネのような構造をとる部分も配置されています．この構造がさらに強く伸縮性のある糸を実現しているのです（詳しくは1-3節参照）．

6-12　カイコの生物学的な起源

　中国の山西省夏県西陰村の仰韶期（ぎょうしょう）遺跡（紀元前5000〜3000年とされる）から出土した最古の繭殻は，その大きさなどから考えるとウスバクワコ（白眼蚕）(*Rondotia menciana*)であると想定されます．繭から糸をとる養蚕の始まりは，必ずしもクワコ（図6-5）からではないかもしれません．しかし，最近明らかになったゲノム配列の比較から見ると，数千年にわたって行われてきた養蚕の対象となったのは，やはり中国のクワコに起源したカイコだったと思われます．

　クワコは他のガと同様，野外でクワを探し動き回って食べることで成長して繭の中で蛹になり，成虫となって飛び回ることができます．オスと交尾したメスがクワの枝や小さな洞の周辺などに卵を産みつけます．カイコを飼育，生糸をとる養蚕の始まりは，野生のクワコの繭を集めて生糸をとっていたことに始まると思われます．クワばかりでなく遺跡から出たウスバクワコや，もしかすると現在でも中国で飼育されるサクサン（柞蚕）もその対象であったかもしれません．

　サクサンが食べる櫟（くぬぎ）の字形は木の上に4つの繭が乗っている甲骨文字が字源だということなので，その可能性も大いに考えられます．しかし，もっとたくさん生糸をとりたい人間は，クワコやウスバクワ

図6-5 クワコ幼虫と繭 A. クワコは摂食していないとき,体を伸ばしてクワの枝の形に擬態する.体の模様がクワの枝とよく似ていて保護色になっている.頭は脱包していないクワの芽の色にそっくりである.それに対してカイコは擬態しない.B. クワの葉を糸で湾曲させ,その中に繭をつくり始めるクワコ(山田恭裕氏提供).

コ,サクサンの野外採集による生糸生産から,それらの成虫に卵を産ませて,孵化した幼虫を隔離した部屋で育てて繭を生産することに移行したのでしょう.そのとき最初に選ばれたのがいずれの虫なのかわかりませんが,長い年月をかけて人間が飼いやすいカイコへと馴化させること(選抜)に成功したのが,クワコ由来の集団だったのではないでしょうか.

それらは,餌を探して活発に動く性質ができるだけないものを選んだ結果,最後には幼虫はクワを与えられるまでただ待ち続けるようになりました.また,卵を採るのに便利なように,できるだけ飛ばないものを選んだ結果,カイコの成虫(ガ)は,ニワトリ同様に飛べなくなってしまったのです.飼い慣らされたと考えれば馴化と言えますが,こうした都合の良い性質を人間が選抜したのですからむしろ育種されたのだと言うべきでしょう.こうしてカイコは,人の手で飼育しなくては生きていけない家畜昆虫になったのです.

ところで,カイコの祖先と見られるクワコは琉球列島を除く日本各地にも生息します.では,わが国のクワコがわが国のカイコの起源な

のかと言えば，そうではないと考えています．つまり，同じクワコでも，日本のクワコとカイコの源になった中国のクワコは，少し違っているのではないかと思われるのです．なぜなら，染色体数が異なり，メスだけにある性染色体 W（図 7-2 参照）の DNA 配列も違っているのです．これらの関係がどのようになっているのか，筆者たちによって詳しい研究が現在進められています．

謝辞

　四半世紀にわたる北大在籍の間，学生時代より研究のご指導をいただいてきた故川村直子先生，飯塚俊彦先生，中田徹先生，勝野貞哉先生，伴戸久徳先生，北大の養蚕室でのカイコ飼育，実験で苦楽をともにした山田恭裕さん，本章の写真を提供下さった赤井弘先生，吉戸敦生さんにこの場を借りてお礼申し上げます．

7 人と絹

(佐原 健)

　本書は，産業としての絹生産を話題としたものではありませんが，それでもカイコと絹の話しをここまで進めてくると，多少それに触れないわけにはいきません．私たちにとってカイコの紡ぐ絹とは何だったのか，また将来，何でありうるのか．欧米の科学書籍には，どんな分野でも最後には人と「科学」について多少長目の章が設けられています．それに習って，人と絹の関係に少し触れてみたいと思います．

7-1　養蚕の起源

　絹糸をいつ，誰が発見したのか．それは定かではありません．中国の神話伝承時代の三皇五帝時代（紀元前 2500 頃）に最初の帝になったとされる黄帝の正妃，螺祖に始まると言われています．螺祖がたまたま湯飲みの中に繭を落としてしまい，箸で拾い上げようとしたところ次から次へと糸が巻き付いてきたことが生糸の発見だと伝承されています．また，蚕神が黄帝に与えた黄と白繭の蚕がもととなり，螺祖が養蚕を人々に広めたとも言われています．いずれも神話ですが，カイコの繭から繰糸（そうし）するときには煮繭（しゃけん）と言って繭をお湯で温めることで生糸を引きますし，紀元前 2500 年前後の中国山西省仰韶遺跡から最古の繭片が出土したとされる時期が，この神話時代にほぼ一致しているのは，興味深いことです．

7-1 養蚕の起源

　絹，絹糸，繭そしてカイコ・養蚕が中国から西方へヨーロッパまで伝搬した道，つまりシルクロードはあまりにも有名です．それでは日本への養蚕の渡来はいつの時代，どこからなのでしょうか．弥生時代前期末から中期前半にかけての九州北部の遺跡から出土した平織りの「弥生絹」は（Box 7-1），中国の同時代である漢代の遺跡から出土した平織りの絹と比べ，同一面積における経糸と緯糸の数で表される織り密度がはるかに小さく，技法が明らかに異なります．また，絹糸の断面積も漢代遺跡の出土絹よりも「弥生絹」のほうが小さい（細い）のですが，朝鮮半島北部の楽浪の同時代の遺跡から出土する断面積よりも明らかに大きいのです．

　つまり，弥生絹は，織り密度が粗であることを手がかりとすれば中国の華中地域から渡来したものではなく，絹糸の断面先が大きいことを手がかりにすれば朝鮮半島から渡来したものでもない，と繊維史の研究者，布目順郎さんが結論されています．この時代の九州北部ではすでに養蚕が始まっており，平織りの絹も独自に製作されていたと推定されます．

　なお，こうした「弥生絹」が出土しているのは，現在のところ九州北部の福岡，佐賀，長崎の三県に限られています．それは，紀元前後にわが国に伝わった養蚕が，古墳時代になるまで畿内には広がっていなかったためなのか，それともこれから畿内で「弥生絹」が発掘され

Box 7-1　絹織物の種類

　織物は経糸と緯糸からできている．単純に経緯を交互に織り込むのが平織りで，綾織りは経糸と緯糸をずらして斜めの模様をつける，平織りよりも複雑な織り方である．さらに，緯糸を経糸ごとにかえ，模様をつける非常に時間のかかる高級な織りの錦織りがある．越後の縮緬問屋の隠居，光右衛門（水戸黄門）の縮緬とは，経糸に撚りのない生糸，緯糸には右撚糸と左撚糸を交互に織り，精錬すると織りが縮み，しぼ（凹凸）ができる織物のことである．

るのか，はたまた，もっと古い時代の遺跡から日本産の絹が見つかり，養蚕伝来の時期がもっとさかのぼるのか，それは今後の研究によるところでしょう．

『魏志倭人伝』によると，邪馬壹国（邪馬台国）では養蚕・絹織りが行われていたとされています．現在までに知られる養蚕の歴史だけからこの国のあった場所を大胆に考えるのならば，それは華中と関係をもつことで，カイコと養蚕を手に入れ「弥生絹」をつくっていた九州北部だと言えるのかもしれません．

ところで，カイコ繭の育種が行われていなかった古代の絹糸の太さは，カイコが何回脱皮して蛹になるかという「眠性」に大いに依存していたはずです．華中のカイコは4回脱皮して繭をつくる4眠蚕で，楽浪のカイコは3回しか脱皮せず繭をつくる3眠蚕だったようです．もちろん，4回脱皮するほうがたくさんのクワを食べ大きく発育し，そのつくる繭も大きく糸も太くなるのです．現在も，「韓3眠」や「高麗3眠」などと名付けられた朝鮮半島由来の品種が日本にも保存されています．

ところで，中国南部を中心に生息する楓蚕（テグスサン）というガの絹糸腺を酸の溶液につけて引っ張り出した糸が，昔から釣り糸（テグス）として利用されています．司馬遼太郎さんによると，このテグスを発明したのは，日本人なのだそうです．この糸はもともとは中国から日本へ輸出する漢方薬の荷づくり用の紐に使われていたものを，日本の漁師が魚釣り用に転用して，大きな漁獲を得たことから普及したのだそうです．また，カイコでも分裂繊維が少なく強度の高いテグス1号，2号という品種が育種され，テグスや漁網用として利用された時代もありました．さらに近代では，「航空1号」と呼ばれたカイコの出す絹糸が落下傘に使われたこともありました．

7-2　絹糸と生糸

現在，我々が利用している糸は，化学合成される人工のナイロンや

アクリルなどと，天然繊維と呼ばれる自然生産物に由来するものとに分けられます．天然繊維としては木綿や麻などの植物繊維，羊毛や絹などの動物繊維さらには石綿やガラス繊維のような鉱物繊維があります．植物繊維と動物繊維が一般的に糸として利用されますが，そのほとんどは綿花や羊毛など短い繊維を，人が紡いで糸に加工して使用します．

　これに対してカイコなどがつくる繭からとるシルクだけは，始めからひとつながりの糸なのです．また，カイコと同じように繭をつくる例を6-7節「繭をつくる他のチョウ目昆虫」で紹介しましたが，どんな繭からも繰糸できるかと言えばそうではありません．実は，カイコのように繰糸できる繭は，カイコの祖先と考えられるクワコ，ヤママユガ科のヤママユガ，サクサン，タサールサン，ムガサン(図7-1)などに限られています．それらは繰糸中に糸が切れることも多く，糸を引くのはカイコのように容易ではありません．繰糸できないような繭から糸をとる場合には，毛糸や綿糸と同じように真綿から紡いで糸にし

図7-1　カイコと野蚕の繭比較　A. 日本産クワコの繭．B. 実用カイコの繭(つくばね)．C, D, E. 野蚕の繭．現在のカイコ繭はクワコと比べて大きさはもちろん，繭の厚さも断然厚く，生糸量は比較にならないほど大きい．また，皇居でも飼育されるヤママユガ(C)(7-6節 皇室と養蚕 参照)，中国で現在も生産されているサクサン(D)という大型の繭をつくるガの繭の大きさとも遜色はない．インドで飼育されたさらに大型のガであるタサールサンの繭(E).

ます．

　一方，カイコ繭1個からとれる糸は，長くても細すぎて，そのまま利用するには都合が悪いのです．繭から繰糸した糸を太くするためにはそれぞれを束ね太さを変えたり，強くするために撚りをかけます．さらに，肌触りを良くするために精錬を行うなど，さらに手間暇かけて，絹糸として仕上げるのです．フィブロイン部分は光沢があり肌触りの良い，いわゆる絹（シルク）層を形成し，糊状のセリシンは双方の中部糸腺から引き出され絹層を取り囲んでいます（図6-1）．ごわごわした肌触りのセリシン層を，アルカリ性溶液（古来は灰汁を使用）で溶かして（精錬，練り）フィブロイン層を露出させた糸が絹糸と呼ばれるのです．また，このような精錬をしていない状態の糸を生糸と呼ぶのです．

7-3　日本近代養蚕業の盛衰

　歴史の授業では，明治の開国，富国強兵などと関連づけて蚕糸業について学びます．それを学んだ皆さんは，鎖国によって輸出できなかったけれど，日本はずっと養蚕大国だったと思っているかもしれません．しかし，戦火が絶えない江戸時代初期までは，日本の繭は品質が悪く，絹や高級織物用生糸は中国（清）からの輸入品だったのです．西陣など織物産地で使われる生糸は良質の繭からしか繰糸できません．

　そこで，平和の続いた江戸時代中期以降，諸藩は財政立て直し策として，蚕糸，絹織業を奨励しました．その結果，養蚕業が各地で盛んになり，江戸末期には輸入量の2倍程度の生産力に達したとされています．しかし，その多くは，繭糸を綿花や綿羊と同様に紡いだ「紡ぎ糸」だったようです．大島紬，結城紬，米沢紬など日本各地に紡糸絹があるのは，それが主な絹製品だったことを裏づけているでしょう．国産の繰糸した糸が絹織物に使われるようになるのは，カイコ飼育に重要な寒暖計が蚕当計として普及し始める19世紀中頃からで，その後，ようやく国産繭の品質向上がはかられ，明治以降の大発展へと結

びついたのです．

　わが国において近代養蚕が盛んとなったのは，19世紀に世界中でシルク製品がもてはやされていたという事情もあります．しかし，最も大きな要因は，その頃最大の養蚕国であったイタリア，フランスで「微粒子病」(Box 7-2)という病気によってカイコが壊滅的な被害を受けたことによります．メスから卵を通じて感染するこの病気により，両国では飼育するためのカイコ卵(蚕種)が極度に不足しました．そこで開国間もない横浜港から，大量の蚕種が両国へと輸出されるようになりました．やがて，明治になりわが国に西洋の養蚕技術が導入され，富国強兵のかけ声のもと，外貨獲得手段として国をあげての養蚕が始まりました．初期の帝国海軍の戦艦は絹で手に入れた外貨によって購われたのです．その当時のわが国における養蚕業の盛況ぶりは，城山三郎さんの『雄気堂々』という渋沢栄一翁の伝記に，余すところなく書かれています．このような産業の隆盛のもとで，繭の育種が科学的に研究されるようになったのでした．

　時が移り，最盛期には，わが国の輸出総額の半分以上を占めたカイコ関連産業も，第二次世界大戦中に輸出が中断され，さらに食糧事情が逼迫すると事情が一変しました．農家は贅沢品である絹の生産をやめて，食料生産をしなければならなくなったのです．終戦後も食糧難が続きましたが，1950年代から絹の国内消費が伸び，日本の養蚕業

Box 7-2　微粒子病

　カイコに感染する微胞子虫類の *Nosema bombycis* が引き起こす病気．長径3〜4μm，短径2μm弱の楕円球をした胞子がカイコ消化液によって発芽して感染を引き起こす．一度感染した個体は治癒することはなく，重篤な感染の場合には，孵化幼虫は成長も脱皮もすることなく死へといたる．後にこの病気の原因微生物を特定したのは，有名なフランスの細菌学者のルイ・パスツールであった．

は息を吹き返します．繭生産量は，和服ブームがあった1970年代に戦後のピークに達したのですが，その後は急激に減少して，戦前とは逆に世界一の生糸輸入国となってしまいました．この国内養蚕の衰退は，高度経済成長につられ若者が農村から都会へと移動し，労働賃金も上昇して，生活スタイルやファッションの西洋化が進むという時代の流れに沿って起きたのです．

それに拍車をかけたのが，大戦中に開発された化学合成繊維の存在でした．日本人の西洋化した衣服素材の大半を合成繊維が占めるようになり，高価な絹は敬遠されるようになってしまいました．また，国内の労働賃金上昇が絹の価格上昇を招き，ついには輸入生糸に太刀打ちできなくなり，やがて養蚕業の中心は中国・インドへ移ってしまったのです．

7-4　カイコ繭の育種

カイコの育種は，飼育のしやすさだけを改良したものばかりではありません．できるだけたくさんの生糸をとりたいのですから，いかに繭を大きくするかも重大な育種の関心事です．野生のクワコの繭の大きさは0.05 g（糸にして長さ200 m）あるかないかです．太さも2デニール (d)（Box 7-3）ほどのものでした．それにひきかえ，現代のカイコ繭1つからとれる生糸は0.45 g（約1,300 m）で，だいたい3デニールの太さがあります．これは数千年の育種の歴史の賜かと言えば，そうではありません．

日本でカイコの品種というものが初めて記載されたのは野本道玄が1700年頃書いた『蚕飼養法記』だとされます．外山亀太郎さんの調査によれば，江戸時代が終わるまでの100年間で，蚕の平均繭糸量は宝暦年間（1751～1764）に約0.13 g程度だったものが，元治・慶応年間（1864～1868）には0.21 gへと60％増えています．これが江戸時代の育種の精一杯の成果です．

その後，明治時代の終わり（1906年）に外山さんによる大発見があ

りました．タイで飼育されてきたカイコと日本で飼育されてきたカイコの交雑からできた子どもたちが，どちらの親よりも病気に強く，飼育時間も短くてすむのに，繭が大きく繰れる生糸量も多くなることが実験的に示されたのです．つまり遺伝学でとりわけ有名な現象，雑種強勢 (heterosis) の発見です．カイコで初めて発見された雑種強勢は，当然ながらカイコでいち早く利用されるようになり，日本種と呼ばれる落花生型の繭のカイコ，中国種と呼ばれる球形に近い楕円球繭のカイコ，欧州種と呼ばれる長経の長い大型の楕円球繭のカイコ (6-2 節参照) をそれぞれ交互に交配して生まれる一代雑種 (この一世代だけ繭生産に飼養する) が普及することになりました．

　一代雑種の利用により，病気などに強くなって飼育が容易になりました．さらに，1 繭の糸量も 0.25 g 程度に増加し，糸長は 650 m 前後となりました．さらに第二次世界大戦後の 1949 年には，日 122 号と支 122 号という非常に優れた品種が生み出され，その一代雑種が 0.45 g (約 1,300 m) の繭を生む現代のカイコに近い品質になったのでした．

　こうしてみると，クワコの繭が 2.2 倍弱になるのに数千年も要していたのに，日本で本格的に育種を始めた江戸後期から，たったの 200 年でさらに 3 倍以上の糸量をもつ繭をつくり上げるにいたったのです (図 7-1)．しかし，大きな繭をつくれるようになったこれらの品種は，もはや成虫になっても自力で繭外に出ることができません．通

Box 7-3　デニールについて

　天然繊維の断面は円形ではないため，太さを直径で表示することが困難である．そこで長さと重さの関係から平均的な太さを表示することになっている．絹糸には 9,000 m の糸が何グラムあるかで表示するデニール (d) が用いられる．例えば，手縫い絹糸の 9 号は約 378 d，ミシン糸の 50 番は約 441 d の太さになる．

常, 繭の中で蛹になったカイコは, 繭の中で成虫 (ガ) になり, コクナーゼいう酵素で繭を溶かして繭外に出てきます. ところが現代のカイコは, 繭が厚すぎて酵素で溶かして破り出てくることができないのです. 成虫として繭外へ出ること (羽化) ができないので, 自分の力では次世代を残すための交配もできません. 人の手によって, 生物としては致命的な欠陥を抱えるまでに変えられてきたのです.

Box 7-4 プラチナボーイと遺伝学

　オスだけを選択的に飼育できるこの品種には, ある遺伝的な仕掛けがある. オスとメスの卵はほぼ同数できるが, メスだけが死亡する平衡致死遺伝という呼び名の仕掛けが働くのである. それが卵内での胚子発育に不可欠な遺伝子の機能を無くす. 1組ある染色体の両方とも機能が無くなってしまえば, 雌雄ともに死亡するが, カイコの性染色体はオスで同じ対 (ZZと表示), メスで違う対 (WZと表示) であることを利用して, メスだけを死亡させることができる.

　Z染色体に乗っている正常遺伝子X, Yと致死遺伝子x, yを仮定し, XとYが完全優性だとすると, xもしくはyをZ染色体にもつメスも, 双方のZ染色体にあるオスも致死遺伝子が働くので死亡する (図7-2A). しかし, これら致死遺伝子が1つだと, 対応する正常な遺伝

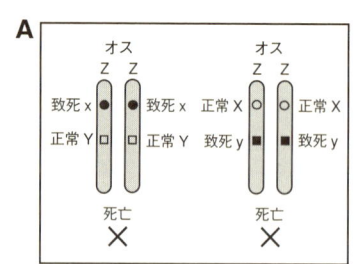

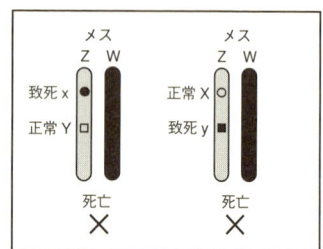

図7-2　プラチナボーイの遺伝的な仕組み　A. 2つの致死遺伝子 (致死xもしくは致死y) のどちらか一方でもオスのZ染色体にそろうと, 卵は発育できずに死亡する. メスの場合W染色体に正常遺伝子が無いので, 致死xもしくは致死yがZ染色体にあると, 同様に死亡する. B. 致死xと正常Xならびに致死yと正常Yをもつ父親と, 正常Xと正常Yの母親からできる子どものうち, C. メスは全て死亡 (×), オスは全て生き残る (○).

7-4 カイコ繭の育種

　このように，人間は育種技術によって1個体の繭を大きくし，とれる生糸量を増やしてきたわけですが，糸の太さにはあまり気が配られることがありませんでした．細繊度の絹糸は高級な和服・洋服はもちろんスカーフなど，しなやかで光沢に富む織物に適し，保型性，耐摩耗性の求められる繊維には太い絹糸が適しています．そこで1980年代から90年代の終わりまでの20年間で，今度は，4デニール以上の

子 (XとY) の働きでオスは生存できる．正常なメスのカイコと，致死xを片方のZ染色体に，致死yを他方のZ染色体にもつオス (図7-2B) を交配してできる子どものうち，オスは全てZ染色体の一方に正常遺伝子 (XまたはY) をもつが，メスにはそれがない (図7-2C)．このためWZであるメスは全て死亡して，ZZのオスのみが孵化する品種ができる．

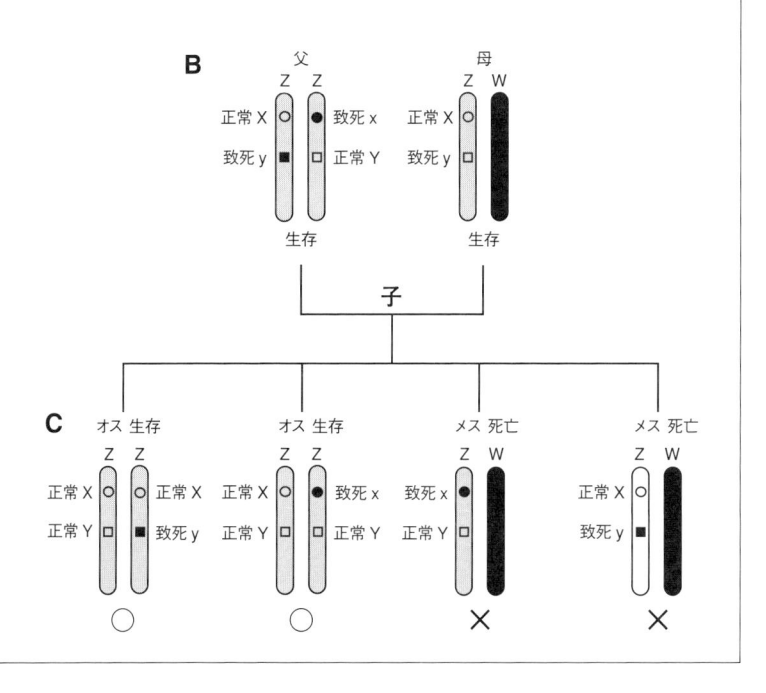

B

父　　　　　　　母
Z　Z　　　　　Z　W
正常X ○　● 致死x　　正常X ○
致死y ■　□ 正常Y　　致死y □
　生存　　　　　　生存

　　　　　　子

C
オス 生存　　　オス 生存　　メス 死亡　　メス 死亡
Z　Z　　　　Z　Z　　　　Z　W　　　　Z　W
正常X ○ ○ 正常X　正常X ○ ● 致死x　正常X ● 　　　正常X ○
正常Y □ ■ 致死y　正常Y □ □ 正常Y　正常Y □　　　致死y ■
　○　　　　　　○　　　　　　×　　　　　　×

太繊度の品種と，2.2 デニールというクワコに近い細繊度の品種の育成が行われました．その結果，太繊度では「さきがけ」，細繊度では「ほのぼの」などのカイコの品種が誕生したのです．

　どうしてこんな短時間でさまざまな太さのしかも強壮なカイコの品種ができ上がったのでしょう．これはひとえに 200 年間にさまざまに工夫された品種を，それがすぐに役に立つかどうかにかかわらず保存していたからなのです．保存されてきた品種は，繭が小さかったり，病気に弱かったり，育ちが遅いとか，すぐに養蚕に利用できないものがほとんどですが，他はだめでも糸の太さが 6 デニールを記録する「27 太」や，1 繭の糸長が 3,000 m を記録した「MK」などの「天才的」な素材があって初めて育種できたものなのです．

　なかでも，大沼昭夫さんが開発した「プラチナボーイ」は，こうした育種技術の粋を集めた品種の 1 つです．「プラチナボーイ」は，オスしかいないカイコの品種です．一般に，同じ重さの繭を生産するのにメスはオスよりもたくさんクワが必要なのです．メスは卵を産むためによく食べるので，オスよりも育ちがやや遅れがちになります．また，同じ重さの繭からとれる糸の量はオスのほうが多いのです．しかもオスのほうが，糸も均質性が高く高品質です．1 つの繭自体はメスのほうが大きいのですが，大量に飼育する養蚕農家にとってオスは飼育期間も短く，成長もそろうので効率が良いのです．このような理由から，カイコのオスだけを飼育できる品種開発の成功は，養蚕農家長年の「夢」の実現だったのです（Box 7-4）．

　わが国の養蚕業が衰退したと言っても，良いものは残るのが古今東西，世の常だと思います．繊度の異なる品種やプラチナボーイなどが生産する高品質の絹は，日本文化の 1 つである和装＝着物をはじめとする素晴らしい絹製品の素材になっており，無くしてはいけないものの 1 つだと思います．プラチナボーイの絹を使った着物づくりについて『天の虫　天の糸－蚕からの着物づくり』という良書があります．そこには，日本人の心である和装，その原料である絹糸に関して，糸づくり，染め，織りまでに関わる複雑で長い工程が詳しく紹介されてい

ます．ぜひご一読いただき，そこに日本の伝統文化を垣間見ていただければと思います．

　ところで，カイコの品種を保存するには少なくとも1年に1代を飼育して，次の年用の越年卵をとる必要があります．クワを育てる桑園，カイコを育てる蚕室，そしてカイコの飼育に精通した人などが必要で，いずれもコストなしには成立しません．現在は，独立行政法人の研究所や大学でカイコの品種保存が細々と行われていますが，財政の逼迫から必要経費を得ることさえ容易ではなくなっています．筆者にも経験がありますが，カイコの品種を絶やすのは非常に簡単です．春になって越年卵を孵化させることなく放置すれば，夏までにはもう孵化しなくなります．かの大戦中にも絶えることなく飼い続けられてきた多様な品種は，一瞬で消滅します．200年以上の有用資源蓄積が，経済効率至上の風潮に負けずに，これからも末永く保たれることを祈らずにはいられません．

7-5　トランスジェニックと絹糸がつくれないカイコの良い関係

　カイコは，よりよい繭を，そして絹糸を生産するために改良されてきたことを述べてきました．しかし，繭をつくらないカイコの品種さえも保存されています．何のためにそんなものが，存在しているのかとお思いになるでしょう．しかし，カイコは絹生産を行う家畜昆虫であるのみならず，遺伝学や生理学などさまざまな生物学研究にも用いられている昆虫だからこそ，そんな品種もあるのです．どうして繭をつくらないのか？　もちろん，その原因もわかっています．

　フィブロインタンパクに異常があるカイコの品種では，全く繭をつくれなかったり，あるいはセリシンだけからなる繭をつくったりします．セリシンは絹本体であるフィブロインを包み込む糊タンパク質ですから，精錬または練りと呼ばれるアルカリ処理によって，糸から除去されてしまう不要なものです．したがって，セリシンだけの繭がで

きても絹は全くとれないわけです．そんなカイコの品種であるセリシン蚕をよくもまあ長年，毎年飼育によって維持して何になるのか？　短期的な利益だけを考えがちな現代人の疑問は当然でしょう．

　トランスジェニック（transgenic）という言葉をお聞きになったことがあるでしょう．遺伝子を生物に導入することや，その導入によって遺伝的に改変された遺伝子組換え生物（genetically modified organism）のことを指します（GM 生物と呼ぶ）．改変と言っても生物の大部分はもともとのままですから，姿形まで変化させることは，ほとんどありません．バクテリア，植物や動物に，本来それらがつくらない有用タンパク質をつくらせるために作製されるものです．薬剤耐性をもったイネ，腐りにくいトマト，ヒト型インスリンの生産に用いられている大腸菌も，全て GM 生物なのです．

　カイコでは，2000 年に田村俊樹さんの研究グループにより，遺伝子を導入する方法（カイコトランスジェニック法）が開発されました．一般の GM 生物作出の危険性の１つは，遺伝子改変された生物が無秩序に自然界へと拡散することです．カイコ幼虫は餌が無くなったからといって探し回ったりしませんし，成虫（ガ）になっても飛べません．人の世話なしでは生きていけませんし，飼育室から外に出ることさえできないカイコには，こうした心配がほとんどないと言ってよいでしょう．また，GM 作物を人が食べることを不安視する意見もあります．カイコは食べることもできますが，それは一部の地方に限られますし，ましてわざわざトランスジェニックカイコを食べる人はいないでしょう．しかもほとんど２種類の成分からなる，大量のタンパク質を繭という形で体外につくってくれます．こうした観点から，必要なタンパク質をコードする遺伝子をカイコに導入したトランスジェニックを作製して，カイコをタンパク質合成工場として利用する研究が進んでいます．

　もうここまで書けばおわかりでしょう．タンパク質合成工場としての GM カイコに今，大注目なのがセリシン蚕です．セリシンを合成する中部絹糸腺で欲しいタンパク質がつくられるように遺伝子改変す

れば，セリシンと目的のタンパク質が結晶化した糸（フィブロインがないので細い糸）がカイコから出てくるのです（それでも薄い繭をつくります）．

また，クモやカイコ以外の昆虫にもフィブロイン遺伝子が特定されています．クモの糸はカイコより数段も丈夫ですし，ヤママユガなど野蚕と呼ばれるガの仲間のフィブロインには非常に高い保温性があることが知られています．問題なのは，その生産量でした．こちらも，セリシン蚕にこれらの遺伝子を組み込んだ GM カイコからほぼ純粋なクモやヤママユガフィブロインが大量に生産できると考えられます．

（株）免疫生物研究所の発表によると（2011年5月23日），血液凝固成分の1つであるヒトフィブリノゲンがトランスジェニックカイコの繭に生産できたとのことです．この方法では，薬害として社会問題となったヒトの血液から分離されるフィブリノゲンとは異なり，HIVウイルスの混入は全くありえません．実用化には数年が必要とのことですが，血友病などで悩む方たちにとって，その効果は計り知れません．セリシン蚕とトランスジェニック技術の融合は，近い将来，養蚕業を有用なタンパク質生産産業として一新させるでしょう．

7-6　皇室と養蚕

カイコは皇居でも飼育されていて，それを御養蚕と言います．明治天皇妃により近代の御養蚕が始められ，戦災などによる一時的な中断があったものの，現在も続けられています．今上の皇后陛下も香淳太后からお引き継ぎになられ，開所の紅葉山御養蚕所で毎年飼育されています．宮内庁ホームページによれば，皇后陛下は春から初夏にかけて，掃立て・給桑・上蔟，繭かきなど養蚕の各段階の作業に携わっておられるとのことです．

掃立てとは，孵化したカイコに餌を初めて与えることで，孵化したばかりの幼虫（毛蚕）に傷を与えず集めるために羽箒をもってあたるこ

とから名付けられています．上蔟とは，吐糸（紡糸）を始めたカイコ（熟蚕(じゅくさん)）を蔟(まぶし)に入れ繭をつくらせることです．繭かきは収繭(しゅうけん)とも言い，蔟につくられた繭を集めることです．また，繭のつくり始めの部分の真綿のような繭糸（毛羽）を除く作業を含めることもあります．現在も飼育されている品種の1つ，2デニール内外の細繊度品種「小石丸」は，古代の絹糸と非常に近いことから正倉院の絹織物の復元などに使用されています．正倉院宝物復元に関しては『皇后さまの御親蚕』に詳しく書かれています．

　わが国の在来種であり，前述した天蚕（ヤママユガ）の飼育も皇居にて行われており，宮内庁ホームページによると，最近では皇后陛下が天蚕をクヌギへと山つけされ，両陛下そろって収繭ご作業をなされているとのことです．それは，絹をつくることがまさしくわが国の伝統文化であるということを身をもって体現されておられるのでしょう．

おわりに

　ムシと糸という題で何かまとまった本が書けないか，そんなことをこの数十年思っていました．私自身はダニの出す糸の研究しかしておらず，また自ら文献を渉猟(しょうりょう)するという努力を怠っていたために，その思いが果たされることがなかったのですが，最近ふと私の周りを見回してみると，存外いろいろなムシの糸を研究していたり，そのことに十分な知識をおもちの方がたくさんおられることに気づきました．海游舎の本間さんにそのことを話したところ，それなら皆さんを集めて企画してみたらどうですか，とのおすすめで本書ができ上がったのです．

　数年前，ファーブルの昆虫記出版100年を記念する展覧会に私も出展する機会をもち，かの本の訳本を読み返してみて，その網羅的かつ精緻な昆虫の生活の描写にあらためて感嘆させられました．その当時から現在まで，ムシの生態研究は大いに発展し，知識も膨大な量になっています．ただ，その知識がファーブルさんの本のように網羅的で魅力的な本として出版されたことは，あまりなかったように思います．ムシの研究はどんどん専門・先端化していて，いまどき何が博物誌だという声も聞こえてきそうです．しかし，特定の動物群の博物学的紹介ではなく，例えば「糸」のように多くの動物群に共通する性質を取り上げて整理してみることで，これまで見えてこなかったものが，見えてくるのではないか，本書はそんなことを意図して企画されたものです．

　それでは，何が見えてきたのでしょうか．とどのつまり，ムシたちにとって糸とは最初は何だったのか．本書から読み取れることは，1つにはそれは人が船のもやいに使うロープ，登山のときのザイルなど

のように，動物が自分を何かに固定するための道具だったということです．糸を引きながら歩くという，クモ，ハダニそしてチョウやガ，さらにハバチの幼虫に広く見られる習性が，まさしくそれを示唆しています．本書では随所で「接着剤」と「糸」は別物であると，こだわってみました．確かに糸と呼ばれるものは接着剤とは形状の異なるものです．しかし，もともとの機能は同じく「固定」だと言えるでしょう．ただし，その固定（定着）のための糸が，全く反対の移動分散のための糸に転換している例がクモ，ダニ，昆虫にも共通して見られることも，大変興味深いことではないでしょうか．

　もう1つ，糸はムシの体を守る被覆物の材料として広く使われていました．繭，育房の壁，卵にかける網，巣網などがそれです．人が衣服やテントを糸で織るのと同じです．この習性も，クモ，ダニそしてチョウ，ガ，ハチ，トビケラ，チャタテムシなどに共通して見られます．これも，先に述べた接着＝固定という機能を併せ備えていますが，それらの主な機能は，ムシを風雨・水流そして外敵から防護するという機能です．

　以上2つが多くのムシに共通する糸の基本的な機能ですが，クモにいたって全く違った餌捕獲の道具として進化しています．同じような機能は他のムシにも多少認められますが，それはクモの捕獲糸（網）の多様な進化から見れば微々たるものにすぎません．なぜ，クモだけにこのような多様な糸の利用法が進化したのか，それにはまだはっきりした解答が得られていません．ただ，クモが全て捕食者（肉食者）であること，翅をもたないことにその理由があるように思えます．捕食性ハチの成虫のような高性能の飛翔装置（翅）をもたなかったクモが，捕食者として多様に進化（成功）するには，糸を使って投げ縄で餌を捕獲したり，網をつくって移動性の高い餌を罠にかけて捕獲するという道が，必然だったのかもしれません．

　昨今，生物の多様性が注目を浴びています．しかし，多様性とは世に言われるよう，たくさんの種が存在すれば良いという単純なことではなく，それぞれの種がもつ生活のありかた，そして例えば，他のム

シの糸を操作して自家薬籠中のものにするといった，本書に紹介された寄生蜂のとんでもない他生物との関わり合い方（5-3 節）にこそ，多様性の本当の姿があるのです．つまり進化的関係の多様性こそが重要なのだということを，この糸という 1 つの「形質」の博物誌から，多少とも読みとっていただけたなら幸いです．

　末尾になりますが，本書を書くに際して企画を後押ししてくださり，しかし完成をみずに 2011 年，11 月 11 日に突然逝ってしまわれた，立命館大学教授の故遠藤彰さんに深い哀悼の意を捧げるとともに，心からお礼を申し上げます．また，なかなか進まない執筆者を励まし，辛抱強く最後までつきあってくださった海游舎の本間陽子さんに，深く感謝いたします．

齋藤　裕

参考文献

第1章

Aristoteles B.C. 4C. De historia animalium. ［島崎三郎（訳）1999.『動物誌（下）』岩波書店, 東京, 361+72pp.］

Benjamin, S.P. & Zschokke, S. 2002. Untangling the tangle-web: web construction behavior of the comb-footed spider *Steatoda triangulosa* and comments on phylogenetic implications (Araneae: Theridiidae). Journal of Insect Behavior 51: 791-809.

Blackledge, T.A., Coddington, J.A. & Gillespie, R.G. 2003. Are three-dimensional spider webs defensive adaptation? Ecology Letters 6: 13-18.

Blackledge, T.A. & Hayashi, C.Y. 2006. Silken toolkits: biomechanics of silk fibers spun by the orb web spider *Argiope argentata* (Fabricius 1775). Journal of Experimental Biology 209: 2452-2461.

Blackledge, T.A., Scharff, N., Coddington, J.A., Szüts, T., Wenzel, J.W. & Hayashi, C.Y. 2009. Reconstructing web evolution and spider diversification in the molecular era. Proceedings of the National Academy of Sciences USA 106: 5229-5234.

Blasingame, E., Tuton-Blasingame, T., Larkin, L., Falick, A.M., Zhao, L., Fong, J., Vaidyanathan, V., Visperas, A., Geurts, P., Hu, X., Mattina, C.L. & Vierra, C. 2009. Pyriform spidroin 1, a novel member of the silk gene family that anchors dragline silk fibers in attachment discs of the Black Widow Spider, *Latrodectus hesperus*. The Journal of Biological Chemistry 282: 29097-29108.

Brunetta, L. & Craig, C.L. 2010. Spider Silk – Evolution and 400 Million Years of Spinning, Waiting, Snagging and Mating. Yale University Press, New Haven, 229 pp.

Coddington, J.A. 1989. Spinneret silk spigot morphology: evidence for the monophyly of orb-weaving spiders, Cyrtophorinae (Araneidae), and the group of Theridiidae plus Nesticidae. Journal of Arachnology 17: 71-95.

Coyle, F.A. 1986. The role of silk in prey capture by nonaraneomorph spiders. In: Shear, W.A. (ed.) Spiders. Webs, Behavior, and Evolution. Stanford University Press, pp. 269-305.

Craig, C.L. 1987. The significance of spider size to the diversification of spider-web architectures and spider reproductive modes. American Naturalist 129: 47-68.

Dawkins, R. 1982. The Extended Phenotype. The Gene as the Unit of Selection. ［日高敏隆・遠藤彰・遠藤知二（訳）1987.『延長された表現型—自然淘汰の単位としての遺伝子』紀伊國屋書店, 東京, 555pp.］

Eberhard, W.G. 1977. 'Rectanguler orb' webs of Synotaxus (Aranae: Theridiidae). Journal of Natural History 11: 501-507.

Eberhard, W.G. 2010. Possible functional significance of spigot placement on the spinnerets of spiders. Journal of Arachnology 38: 407-414.

参考文献

Eberhard, W.G., Agnarsson, I. & Levi, H.W. 2008. Web forms and the phylogeny of theridiid spiders (Araneae: Theridiidae): chaos from order. Systematics and Biodiversity 6: 415-475.
Endo, T. 1989. How to avoid becoming a prey: predatory encounter between an orb-weaving spider, *Araneus pinguis* (Karsch) and flying insects. Ecological Research 4: 361-371.
Fabre, J.H. 1878. Souvenirs entomologiques. ［山田吉彦（訳）1962.『ファーブル昆虫記』第16分冊. 岩波書店, 東京, 235 pp.］
Garb, J.E., Di Mauro, T., Vo, V. & Hayashi, C.Y. 2006. Silk genes support the single origin of orb webs. Science 312: 62.
Gorb, S.N, Niederegger, S., Hayashi, C.Y., Summers, A.P., Vötsch, W. & Walther, P. 2006. Silk-secretion from tarantula feet. Nature 443: 407.
Hawthorn, A.C. & Opell, B.D. 2002. Evolution of adhesive mechanism in cribellar spider prey capture thread: evidence for van der Waals and hygroscopic forces. Biological Journal of the Linnean Society 77: 1-8.
Penny, D. & Selden, P.A. 2011. Fossil Spiders. The Evolutionary History of a Megadiverse Order. Siri Scientific Press, Manchester, 128 pp.
Peattie, A.M., Dirks, J.-H., Henriques, S. & Federie, W. 2011. Arachnids secrete a fluid over their adhesive pads. PLoS ONE, 6, e20485.
Vollrath, F. & Knight, D.P. 2001. Liquid crystalline spinning of spider silk. Nature 410: 541-548.
Yanoviak, S.P., Dundley, R. & Kaspari, M. 2005. Directed aerial descent in canopy ants. Nature 433: 624-626.
吉倉真 1987.『クモの生物学』学会出版センター, 東京, 613 pp.

第2章

江原昭三・斎藤裕 1981. ハダニに関する諸問題, とくに出糸器官の形態と糸の機能. In: 石井象二郎（編）『昆虫学最近の進歩』東京大学出版会, 東京, pp. 523-537.
江原昭三・後藤哲雄（編）2009.『原色植物ダニ検索図鑑』全国農村教育協会, 東京, 349 pp.
Helle, W. & Sabelis, M.W. (eds.) 1985. Spider Mites. Their Biology, Natural Enemies and Control. Vol. 1A, Elsevier, Amsterdam, 405 pp.
齋藤裕 1999. 生態学ライブラリー3『ミクロの社会生態学－ダニから動物社会を考える』京都大学学術出版会, 京都, 254 pp.
Saito, Y. 2010. Plant Mite and Sociality–Diversity and Evolution. Springer, Tokyo, 187 pp.

第3章

昆虫の出す糸一般

Craig, C.L. 1997. Evolution of arthropod silks. Annual Review of Entomology 43: 231-267.
Sutherland, T.D., Young, J.Hl, Weisman, S., Hayashi, C.Y. & Merritt, D.J. 2010. Insect silk: one name, many materials. Annual Review of Entomology 55: 171-188.

昆虫の系統

Grimaldi, D. & Engel, M.S. 2005. Evolution of the Insects. Cambridge University

Press, Cambridge, 755pp.
Trautwein, M.D., Wiegmann, B.M., Beutel, R.G., Kjer, K. & Yeates, D.K. 2012. Advances in insect phylogeny (at what level of approach?). Annual Review of Entomology 57: 449-468.
吉澤和徳 2008. 六脚類の高次分類体系と進化. In: 石川良輔 (編) バイオディバーシティ・シリーズ 6『節足動物の多様性と系統』裳華房, 東京, pp. 297-329.

特に興味深い昆虫群

イシノミほか無翅昆虫

Proctor, H.C. 1998. Indirect sperm transfer in arthropods: behavioral and evolutionary trends. Annual Review of Entomology 43: 153-174.

シロアリモドキ

Ross, E.R. 2000. "Origin, relationships and integmental anatomy of the insect order Embiidina." Embia: contribution to the biosystematics of the insect order Embiidina Occasional Papers of the California Academy of Science 149 (part 1), 53 pp.

Ross, E.R. 2000. "A review of the biology of Embiidina." Embia: contribution to the biosystematics of the insect order Embiidina Occasional Papers of the California Academy of Science 149 (part 2), 36 pp.

チャタテムシ

New, T.R. 1987. Biology of the Psocoptera. Oriental Insects 21: 1-109.

オドリバエ

三枝豊平 1972. 風船を作るハエーオドリバエの配偶行動からー. Nature Study 18: 5-8.

第4章

Batra, S.W.T., Maeta, Y., Goukon, K. & Onagawa, J. 2009. Nesting Behavior and Silk Secretion by Female Wasps from Unique Abdominal Spigots in *Psenulus carinifrons iwatai* Gussakovskij (Hymenoptera, Sphecidae). Bulletin of the Hoshizaki Green Foundation 12: 123-146.

Bohart, R.M. & Menke, K. 1976. Sphecid wasps of the world. A generic revision. University of California Press, Berkeley and Los Angeles, 695 pp.

Evans, H.E. 1966. The Comparative Ethology and Evolution of the Sand Wasps. Harvard University Press, Cambridge, xvi+526 pp.

Fabre, J.H. 1878. Souvenirs entomologiques. [奥本大三郎 (訳) 2005-2007.『完訳ファーブル昆虫記』(全10巻) 集英社, 東京.]

岩田久二雄 1938. 台湾産数種の蜜蜂の習性 (4). 台湾博物学会会報 28: 373-379.

Iwata, K. 1942. Comparative studies on habits of solitary wasps. Tenthredo vol. 4 No.1/2: 1-146.

岩田久二雄 1975.『自然観察者の手記ー昆虫とともに五十年』朝日新聞社, 東京, ixx+565 pp.

Krombein, K.V., Hurd, P.D. Jr. Smith, D.R. & Burks, B.D. (eds) 1979. Catalog of Hymenoptera in America North of Mexico. 3vols, Smithsonian Institution Press, Washington D.C. 2735 pp.

Melo, G.A.R. 1997. Silk glands in adult sphecid wasps (Hymenoptera, Sphecidae), Journal of the Hymenoptera Research 6: 1-9.

坂上昭一 1970.『ミツバチのたどったみちー進化の比較社会学』思索社, 東京, viii+327 pp.

Stephen, W.P., Bohart, G.E. & Torchio, P.F. 1969. The biology and external mor-

phology of bees, with a synopsis of the genera of north western America. Agricultural Experiment Station Oregon State University, Corvallis, 140 pp.
常木勝次 1948.『はなだか蜂研究記』講談社北海道支社, 札幌, 303 pp.

第5章

Barrantes, G., Triana, E., Shaw, S.R. & Jones, G.Z. 2011. Characteristics of the cocoon and natural history of the gregarious *Meteorus restionis* sp. N. (Hymenoptera, Braconidae, Meteorinae) from Costa Rica. Journal of Hymenoptera Research 20: 9-21.
Brodeur, J. & Vet, L.E.M. 1994. Usurpation of host behaviour by a parasitic wasp. Animal Behaviour 48: 187-192.
Eberhard, W.G. 2000. Spider manipulation by a wasp larva. Nature 406: 255-256.
Harvey, J.A., Kos, M., Nakamatsu, Y., Tanaka, T., Dicke, M., Vet., L.E.M, Brodeur, J. & Bezemer, T.M. 2008. Do parasitized caterpillars protect their parasitoids from hyperparasitoids? A test of the 'usurpation hypothesis'. Animal Bahaviour 76: 701-708.
Shirai, S. & Maeto, K. 2009. Suspending cocoons to evade ant predation in *Meteorus pulchricornis*, a braconid parasitoid of exposed-living lepidopteran larvae. Entomological Science 12: 107-109.
Tagawa, J. 1996. Function of the cocoon of the parasitoid waps, *Cotesia glomerata* L. (Hymenoptera: Braconidae): Protection against desiccation. Applied Entomology and Zoology 31: 99-103.
Tagawa, J. & Sato, Y. 2008. Effects of relative humidity on cocoon formation and survival in the braconid wasp *Cotesia glomerata*. Physiological Entomology 33: 257-263.
Tanaka, S. & Ohsaki, N. 2006. Behavioral manipulation of host caterpillars by the primary parasitoid wasp *Cotesia glomerata* (L.) to construct defensive webs against hyperparasitism. Ecological Research 21: 570-577.
Tanaka, S. & Ohsaki, N. 2009. Does manipulation by the parasitoid wasp *Cotesia glomerata* (L.) cause attachemet behaviour of host caterpillars on cocoon clusters? Ethology 115: 781-789.

第6章

赤井弘 2007. 野蚕シルクの魅力－その多孔性と多様性. 繊維と工業 63 (9): 238-243.
Brunetta, L. & Craig, C.L. 2010. Spider Silk–Evolution and 400 Million Years of Spinning, Waiting, Snagging and Mating. Yale University Press, New Haven, 229 pp.
藤永愛・坂口勇 2005. 水力発電所におけるトビケラ類付着被害の実状と対策事例調査報告 V04031. 電力中央研究所報告, pp.25. ISBN 4-86216-000-X.
波多野友博 2006. ヒゲナガカワトビケラの生成するシルクの構造とその接着様式. International Journal of Wild Silkmoth & Silk 11: 97-106.
馬越淳・馬越芳子 2007. カイコの繊維形成と絹の結晶化. 繊維と工業 63 (9): 244-252.
作道隆・土田耕三 2009. 繭色はどのようにして彩られるか. 生化学 81: 27-31.
高見丈夫 1969. 蚕種総論. 全国蚕種協会, 東京千代田区, 371 pp.
田村俊樹 2007. 遺伝子組み換えカイコを利用した新しい絹タンパクの作出. 繊維と工業 63 (9): 253-256.
東京大学農学生命科学研究科プレスリリース 2010. カイコのフラボノイド繭の分子

基盤の解明. http://www.a.u-tokyo.ac.jp/topics/topics100601.html

第 7 章
「皇室」編集部 2004.『皇后陛下古希記念 皇后さまの御親蚕―皇后さまが育てられた蚕が正倉院宝物をよみがえらせた』扶桑社, 東京, 217 pp.
宮内庁ホームページ http://www.kunaicho.go.jp/activity/
長町美和子・雨宮 秀也 2007.『天の虫 天の糸―蚕からの着物づくり』ラトルズ, 東京, 183 pp.
日本蚕糸学会編 1979.『総合蚕糸学』日本蚕糸新聞社, 東京, 446 pp.
布目順郎 1999.『布目順郎著作集―繊維文化史の研究』(全 4 巻) 桂書房, 富山市. 438 pp (1 巻), 506 pp (2 巻), 456 pp (3 巻), 515 pp (4 巻).
大沼昭夫 2007. プラチナボーイの開発と魅力について. 繊維と工業 63 (9): 270-274.
司馬遼太郎 1995.『この国のかたち (三)』文春文庫, 東京, 260 pp.
城山三郎 1976.『雄気堂々』(上・下巻) 新潮文庫, 東京, 445 pp (上), 461 pp (下).
Silk New Wave http://www.nias.affrc.go.jp/silkwave/hiroba/silk_wave.htm

事項索引

■ あ 行
足場糸　　12, 34
亜社会性　　87, 93
網かけ行動　　52
アミノ酸過剰症　　154
アミノ酸配列　　162
網マット　　56, 57, 79
アリ雨　　24, 25
育種　　151, 164, 168, 171-173, 175, 176
一代雑種　　173
糸疣　　2-6, 9-11, 14, 15, 20, 26, 30
糸腺　　2, 6, 8-15, 30, 31
糸タンパク質遺伝子　　15, 34
糸張り行動　　52, 54, 57
命綱　　12, 25, 57-60, 63, 77, 153
羽化率　　136, 142, 143
ウドンゲの花　　91
産みつり下げ　　107
営巣習性　　99, 100
S-S 結合　　161
越年卵　　177
エメラルドグリーン繭　　156
LW 型　　72, 74
延長された表現型　　vi, 37, 38
円網　　10-13, 17, 18, 23, 27-35, 38-40, 60, 72, 138, 139
黄血　　151, 152
欧州種　　150, 173
応力-ひずみ曲線　　16-18
oral papilla　　42

■ か 行
学名　　119, 133, 157
家畜　　49, 155, 164, 177
ガラス管人工巣　　103, 105-107
カロテノイド　　151, 152, 156
乾式紡糸　　7
管状腺 (cylindriform gland)　　9-12, 15, 18
完全欠損亜型　　121
完全変態類　　85
完全繭形成　　112
生糸　　147, 149, 150, 163, 164, 166, 167, 169, 170, 172, 173, 175

寄主　　131, 132, 134-136, 138-144, 146
魏志倭人伝　　168
寄生　　131
寄生蜂　　131-135, 138-140, 142-146
擬態　　25, 164
絹傘型　　101, 114, 120, 122, 126
偽鞭状腺　　31, 34
求愛給餌　　93
旧翅類　　84
給桑　　179
仰韶期遺跡　　163
共同トイレ　　47, 48
共同防衛　　68
胸部腺　　127
掘坑型　　107
クラッピング開始法　　15
グローワーム　　95
系統樹　　82-85, 95-97
系統的制約　　71
毛蚕　　179
ゲノム配列　　163
毛羽　　118
繭塊　　134-137, 139, 140-146, 157
絹糸腺　　44, 89, 97, 100, 101, 110, 119, 123, 125, 128, 147-149, 151-154, 161, 162, 168, 178
繭網 (cocoon web)　　138, 139
小石丸　　180
高次寄生蜂　　142-146
口針　　43
合成繊維　　7, 147, 148, 172
行動操作　　138, 140
剛毛状突起　　103
後疣　　9-13, 15
コーティング　　13, 28, 32, 103, 106, 127, 128
呼吸孔　　115, 123-126
コクナーゼ　　174
こしき　　13, 32
個室型の巣網　　65
コミュニケーション　　71, 75
御養蚕　　179
5 齢幼虫　　152, 153
昆虫綱　　82, 96
こん棒型　　114, 117

■ さ 行

最節約法　96
雑種強勢　173
蚕糸業　170
蚕種　171
蚕当計　170
産卵管　92, 108, 144
GM 生物　178
CW 網　67, 70
CW 型　61, 62, 70, 74
シート網　22
仕切壁　101-104, 108, 121, 129
湿式紡糸　7
篩板　30, 31, 34
死亡率　137
社会性　46, 68, 87, 91, 93, 114, 129
社会性のハダニ　46
煮繭　166
借坑型　107
糸疣　2-6, 9-11, 14, 15, 20, 26, 30
集合腺 (aggregate gland)　9-11, 13, 14, 23, 29
集団移動　75
集団防衛　68
種間比較　61
熟蚕　180
出糸管　2-6, 9, 10, 13-15, 27, 31
出糸口　118
出糸突起 (terminal eupahtid)　44
種分化　69
馴化　164
準新翅類　85
ジョウゴ網　22
上蔟　180
小瓶状腺 (minor ampullate gland)　9-12, 18, 19, 34
触肢 (palpi)　1, 11, 43-45, 78
植物繊維　7
書肺　3
シリカ粒子　51
シルク　2, 8, 100, 102, 111, 141-146, 162, 169, 170, 171
シルク膜　141-146
シルクロード　167
進化発生生物学　2
人工ホコリ　51, 52
真社会性　114, 129
新翅類　84, 94, 95
巣網　45-48, 50-54, 56, 59, 60, 63-69, 74, 79
巣サイズの変異　69
スパイダーマイト (spider mite)　43
スパイダーマン　25, 27
スピドロイン　8, 18, 19, 34
巣マット　78, 80

背網配列 (chaetotaxy) 仮説　70
生活型　46, 61, 63, 70, 74
静止・脱皮　61
精網　11
生理障害　154
精練　170
節足動物門　82
セリシン　147-149, 151, 161, 170, 177-179
セロハン　101, 105, 107
染色体　165, 174
繊度　157, 175, 176, 180
前疣　9-11, 15
爪間体　72
相互作用　46, 138, 146
繰糸　150, 151, 169, 170
掃除行動　50, 53-56
掃除道具　53
造巣 (WN) 型　63
造巣性　48, 69
造巣性ハダニ　45, 64, 69
造卵数　153
梳糸性円網　31, 32, 35
祖先種　69, 154

■ た 行

大瓶状腺 (major ampullate gland)　8-12, 15, 18, 21, 22, 25, 29, 34
対捕食者戦略　39, 68
唾液　43, 44, 55, 101, 122
唾液腺　85, 97
多寄生　133
多新翅類　84
脱皮　11, 50, 55, 61, 84, 134, 152, 153, 157, 168, 171
脱皮殻　50
縦糸　11-13, 18, 32, 34, 35, 138, 146
経糸　167
WN 型　63, 67, 71, 74
単寄生　132
築坑型　107
中国種　150, 173
中疣　9-12, 15
長楕円体型　114, 123
長方形網　35
直翅系昆虫　84
直接接触法　14, 15
ディスタルレス (Distal-less)　2, 3
デニール　172, 173, 175, 176, 180
手鞠　76, 77
デュフール腺　101, 127
天敵　131
天然の瞬間接着剤　108
天然のポリエステル　101, 105
天幕　75-77, 137, 159

事項索引

トイレ　46-49, 52, 64, 65, 68, 117
トイレスペース　64
同功繭　150
胴背毛　70
動物繊維　7, 169
胴部背面　53
トランスジェニック　177-179

■ な 行

内顎綱　82
ナシ状腺 (piriform gland)　9-12, 14, 15, 25
なすり付け行動　104
ナノスプリング　19
日本種　150, 173
ネマチック液晶　8, 9
粘球性円網　32, 35
粘着糸　13, 35, 36, 38, 39, 53
粘着性　12, 13, 15, 23, 26, 28, 29, 35, 52

■ は 行

バイオミメティックス　7, 26
排泄場所　46, 47, 61, 63, 64
排泄物　48, 62, 63
掃立て　179
はしご網　32
ハダニの歩行器　72
働きアリ　42, 110
バルーニング　21, 59
P25　161, 162
引き糸 (dragline)　11, 12, 14, 15, 18, 25, 26
引き糸開始法　14, 15
ヒステリシス　16-18
病菌の胞子　50, 51
微粒子　50-55
微粒子病　171
ビリン　156
ファン・デル・ワールス力　26, 31
フィブリノゲン　179
フィブロイン　8, 147, 149, 161, 162, 170, 177, 179
不完全繭形成　112
不規則網　32, 60, 61, 70
不規則立体網　35, 61, 70, 71, 159
副産物　53, 76, 77
付属肢　1-3, 92, 95
付着盤　11, 12, 14, 15
ブドウ状腺 (aciniform gland)　9-11, 14, 15, 18
部分的欠損　121
プラチナボーイ　174, 176
フラボノイド　151, 152, 154, 156
分散　21, 59, 60, 76, 77, 137, 153, 159
分生子　49, 51
糞溜め　116, 117

平衡致死遺伝　174
平面吐糸　148
βシート　19, 163
βターン　19
鞭状腺 (flagelliform gland)　9-11, 13, 14, 18, 19, 23, 29, 34
防護網　68
防護機能　65, 66, 68, 70, 76
防護シェルター　64
紡糸器官　44
紡糸口　44, 99, 147, 148
膨満死　154
歩行器　72-74
歩行器構造　74
ホコリの片づけ行動　53
捕食者回避　55, 57
捕食性天敵　68, 132

■ ま 行

松茸型　114, 120, 122
マット　55, 56, 78-80
繭　78, 88, 89, 91, 92, 100, 101, 109, 111-129, 132-141, 144-152, 154-157, 161-164, 166-180
繭かき　179, 180
繭非形成　112
真綿　119, 150, 151, 169, 180
道しるべ　59
眠性　168
無翅昆虫　89
メンデルの遺伝法則　151

■ や 行

邪馬壹国　168
弥生絹　167, 168
遊糸　59, 159
有翅下網　84
有翅昆虫　82, 84, 96, 97
養蚕　163, 165-172, 176, 179
溶融紡糸　7
横糸　11-13, 18, 19, 28, 29, 31, 32, 34, 35, 138, 139, 141
緯糸　167
撚り　5, 108, 133, 167, 170

■ ら 行

ラック樹脂　116, 122, 125
ラミネエステル　101
卵型　114, 115, 123
卵嚢　11, 12, 20, 92
リード糸　103
嫘祖　166
六脚亜門　82

生物名索引

Acari　41
Aphonopelma seemanni　26
Araneus pentagrammicus　33
Araneus pinguis　18
Argiope argentata　17
Argyroneta aquatica　20
Atterocopus　3
Atypus karschi　21
Cephalotes atratus　24
Chrysso　36
Episinus　36
Formica aquilonoa　24
glow worm　88
Hypochilus　32
Kahaono　94
Latouchia swinhoei typica　21
Latrodectus　36
Latrodectus hesperus　25
Linyphia　39
Mastophora　33
Myndus　94
Neoseiulus californicus　71
Nephila clavata　27
Nephila clavipes　8
Nephila jurassica　29
Orbiculariae　30
Ordgarius　33
Pasilobus　33
Pelmarachne　4
Prostigmata　41
Sceliphron　39
Schizotetranychus　69
Scytodes　26
Steatoda trianglosa　38
Stigmaeopsis　46
Telaprocera　32
Tetranychus lintearius　76
Theridion　36
Trypoxylon　39

■ あ　行

アオオニグモ　33
アオムシコマユバチ　133-137, 139-146
アカオニグモ　18
アザミウマ　78, 79, 85, 91, 99
アザミウマ目　85, 91
アシナガグモ科　30, 32, 40
アシナガバチ類　122
アタマギングチバチ　119, 120
アッテロコプス　3, 4, 19, 20
アナバチ群　111, 114, 123, 127
アナバチ型ハチ類　111
アナバチ類　39, 40, 100, 123
アナフェ　157
アブラムシ　62, 78, 79, 85, 105, 141
アポロヤママユ　157
アミメカゲロウ目　85, 91
アメリカジョロウグモ　8
アメリカシロヒトリ　76, 159
アリグモ　23, 25
アリマキバチ亜科　114
アリマキバチ属　113
イシノミ　82, 89, 90, 95-97
イスカバチ属　113
イセキグモ　33
イトマキハダニ　55, 57, 62, 65
ウズグモ　32, 34
ウズグモ科　30, 33, 34
ウスバカゲロウ　85, 91, 95, 108
ウスバクワコ　163
ウララネア目　4
ウンカ　94, 103
エオプセヌルス・イワタイ　119
エグリトビケラ亜目　89
エゾシロチョウ　141, 155, 159
エゾナガヒシダニ　65, 67
エボシグモ　32
円網グモ類　30, 33-35, 40
エンモンバチ属　113
オウシュウハナダカバチ　111
オオアゴマエダテバチ　121
オオグシアリマキバチ　105
オオスズメバチ　122

生物名索引

オオツチグモ科　　21, 22
オオフタオビドロバチ　　107, 108
オオムカシハナバチ属　　101, 118
オオモンシロチョウ　　134, 136, 140
オソイダニ　　78
オドリバエ　　89, 93-96
オビカレハ　　128, 159

■ か 行 ■

カイガラムシ　　62, 116
カイコ　　7, 8, 80, 111, 114, 116, 133, 135, 137,
　　139, 147-155, 157, 161-180
カガリグモ　　38
カギムシ　　42, 43
カゲロウ　　84, 90
カゲロウ目　　84, 90
カシノキハダニ　　63, 74
カジリムシ目　　85, 86
カニムシ　　1, 2
カブリダニ　　55, 59, 70, 71, 75, 78
カブリダニ類　　70
ガムシ　　92, 95
カメムシ目　　85, 94
カラカラグモ科　　32
カリバチ類　　111, 112, 114, 117, 127
カリフォルニアカブリダニ　　71
カワゲラ　　84, 160
カンザワハダニ　　61, 70, 71, 74, 75
キアシハナダカバチモドキ　　123
キアシマエダテバチ　　103, 119
キゴシジガバチ　　39, 111
キシノウエトタテグモ　　21
キジラミ類　　121
キスジベッコウ　　116
キバネアナバチ　　111
キマダラハナバチ亜科　　112
鋏角類　　3
ギングチバチ科　　101, 120
ギングチバチ族　　126
ギンコガネグモ　　17
クスサン　　157
クニオベッコウ　　113
クマイザサ　　46, 51, 66, 68
クモ　　1-35, 38-40, 43-45, 58-60, 72, 74, 80, 88,
　　92, 100, 102, 103, 117, 127, 132, 138, 139, 141,
　　148, 153, 154, 159, 160, 162, 163, 179
クモ亜目　　5, 6
クモガタ綱　　1, 2, 4, 44
クモ下目　　6, 12
クモバチ　　40
クラマギングチ　　125
クリノツメハダニ　　59, 77
クルミハダニ　　64

クロゴケグモ　　25
クロマエダテバチ　　101
クワコ　　154, 163-165, 169, 172, 173, 176
ケナガスゴモリハダニ　　45-47, 50, 56, 73
ケブカギングチ　　125
コウチュウ目　　85, 92
コガネグモ　　10, 17, 30, 32, 33, 35, 40, 72
コガネグモ科　　10, 12, 40
コガネグモ上科　　10, 13, 18, 32-35, 39, 40
コガネヒメグモ　　36
ゴケグモ　　36
コシボソアナバチ属（＝アリマキバチ属）
　　113
コツチバチ類　　100
ゴノメタ　　156
コハキリバチ属　　118
コハナバチ科　　112
コロギス　　86

■ さ 行 ■

サクサン　　163, 164, 169
ササスゴモリハダニ　　48, 66, 68, 69
ザザムシ　　160
サソリ　　1
サソリモドキ　　1
ザトウムシ　　1
サナエトンボ　　90
サラグモ　　32, 33, 38-40
サラグモ科　　32, 33, 35, 38, 40
サンド・ワスプ（スナバチ）　　123
シイノキハダニ　　63, 74
ジガバチモドキ（属）　　39, 113
ジグモ　　21
シダハバチ亜科　　128
シナノキハダニ　　64
シマアザミウマ　　91
シミ　　82, 89, 90, 96, 97
蛛形綱　　1
ジュラジョロウグモ　　29
ジョウゴグモ　　20-22
ジョロウグモ　　9, 10, 17, 27-29
シロアリモドキ　　84, 92, 93, 95, 96
シロイロカゲロウ　　90
シロハヒメベッコウ　　118
シロヤヨイヒメハナバチ　　127
スギナミハダニ　　63
スゴモリシロチョウ　　157
スゴモリハダニ　　57, 60, 61, 63, 64, 66-70
スゴモリハダニ属　　46, 69
スゴモリハダニ類　　48, 49, 51, 66, 68
スジマエダテバチ　　120
ススキスゴモリハダニ　　48
スズメバチ科　　122

スズメバチ類　122
スナバチ　123
スナバチ類　112
セナガアナバチ類　100
前気門亜目　41

■ た 行

大顎類　3
タイワンアリハナバチ　129
タケスゴモリハダニ　46, 66, 67, 69
タサールサン　169
タテハチョウ　155, 159
ダニ　1, 2, 41, 42, 44, 49, 50-52, 54, 57, 59, 78, 79, 100, 148
ダニ亜綱　41
タランチュラ　22, 26, 27
チャタテムシ　85, 86, 98, 99
チリカブリダニ　70, 71
ツキジグモ　33
ツチバチ類　100
ツツハナバチ属　113
ツムギアリ　v, 42, 101, 109-111
ツメダニ　78, 80
ツメダニ類　41, 78
ツヤアナバチ属　124
ツヤアリバチ類　100
ツヤハナバチ類　106
テグスサン　168
テラプロセラ　32
テングダニ　78
テングダニ類　41
テンマクケムシ　76
トタテグモ下目　5, 6, 12, 20-22
トックリバチ類　102
トビケラ　85, 88, 89, 97, 160-162, 182
トビムシ　82, 89, 97
トモンハナバチ　125
ドロバチ類　100
トンボ　84, 90, 97
トンボ目　84, 85, 90

■ な 行

ナガレトビケラ亜目　89
ナゲナワグモ　33
ナベブタアリ　24
ナミハダニ　43-45, 57, 58, 61, 63, 70-72, 74-76, 159
ニッポンギンチ　125
ニッポンツヤアナバチ　124
ニッポンハナダカバチ　123, 124
ノミ目　85, 87

■ は 行

ハイビスキカブリダニ　70
ハエ目　85, 88, 93
ハキリバチ属　118
ハダニ類　41, 43, 46, 49, 55, 59, 62, 66, 67
ハチ目　99
バッタ　84, 86
バッタ目　84, 86
ハデハナダカバチモドキ　111
ハナバチ類　100, 111, 112, 118
ハバチ類　127, 128
ハマキガ　157, 159
ハモリダニ　78
ハモリダニ類　41
ハラフシグモ亜目　5, 6, 9, 12, 20, 21
ハンノキハダニ　64
ヒカリキノコバエ　88
ヒゲナガカワトビケラ　161
ヒシガタグモ　36
ヒメギングチバチ属　120
ヒメグモ科　32, 35-38, 40
ヒメグモ属　36
ヒメササハダニ　65, 67
ヒメスゴモリハダニ　46, 48, 66, 68, 69
ヒメハナバチ科　112
ヒメハラナガツチバチ　116
ヒメベッコウ属　118
ヒラタハバチ科　128
フシダニ類　41
プニケ　70
ブユ　88
ベッコウバチ (類)　40, 100, 118
ペルセエ　71
ペルマラクネ　4
ホソギングチバチ属　113
ホソチャタテ　86

■ ま 行

マエダテバチ属　101-103, 113, 119-121
マダガスカルトゲマユカレハ　156
マタハダニ　69
マツカレハ　156
マツハバチ科　128
ミカンハダニ　45, 57-59, 62, 72
ミクロスティグムス　114
ミズグモ　20
ミスジアワフキバチ　114
ミツバツツハナバチ　111
ミドリハダニ　61
ミノガ　157, 159, 160
ミフシハバチ科　128
ムガサン　169

ムカシチャタテ　　87, 93
ムネアカツヤアナバチ　　124
メダマグモ上科　　30, 34
メンハナバチ属　　101
モリチャタテ　　87
モリツメダニ　　78, 79
モンシロチョウ　　133-135, 159

ヤママユガ　　155, 157, 162, 169, 179, 180
ヤモリ　　26
有剣ハチ類　　99, 111, 113, 117, 126, 128
ユスリカ　　88
ヨーロッパメンハナバチ　　v, 105, 106
ヨコバイ　　24, 94
ヨリメグモ科　　32

■ や 行
ヤセヒメグモ科　　35, 36, 38
ヤマアリ　　24
ヤマシログモ　　26
ヤマトスナハキバチ　　123

■ ら 行
リュウキュウスナハキバチ　　123
リンゴスガ　　159, 162
リンゴハダニ　　72, 74
リンテアリウスハダニ　　76

■著者略歴 (五十音順)

遠藤　知二（えんどう　ともじ）農学博士
- 1956 年　兵庫県に生まれる
- 1988 年　北海道大学大学院農学研究科博士課程修了
- 現　在　神戸女学院大学人間科学部　教授
- 研究テーマ　クモとハチの種間相互作用の生態学
- 著・訳書　『クモのはなしⅠ, Ⅱ』（共著，技報堂出版）
  - 『親子関係の進化生態学－節足動物の社会』（共著，北海道大学図書刊行会）
  - 『まちぼうけの生態学－アカオニグモと草むらの虫たち』（共著，福音館書店）
  - 『延長された表現型－自然淘汰の単位としての遺伝子』（共訳，紀伊國屋書店）
  - 『ブラインド・ウォッチメイカー－自然淘汰は偶然か？』（共訳，早川書房）ほか
- HP アドレス　http://humangrad.kobe-c.ac.jp/guide/staff/000024.html

郷右近　勝夫（ごうこん　かつお）
- 1945 年　宮城県に生まれる
- 1965 年　宮城県農業短期大学農学科卒業
- 2002 年　東北学院大学工学部　助教授
- 現　在　東北学院大学工学部　非常勤講師
- 研究テーマ　有剣ハチ類の比較生態，送粉生態などの自然誌的研究
- 著・訳書　『日本蜂類生態図鑑－生活行動で分類した有剣蜂』（共著，講談社）
  - 『ハチとアリの自然史－本能の進化学』（共著，北海道大学出版会）
  - 『日本の昆虫の衰亡と保護』（共著，北隆館）
  - 『ジャン＝アンリ・ファーブルの時間』（共著，東海大学出版会）ほか

齋藤　裕（さいとう　ゆたか）農学博士
- 1948 年　栃木県に生まれる
- 1978 年　北海道大学大学院農学研究科博士課程修了
- 現　在　北海道大学大学院農学研究院特任教授
- 研究テーマ　動物間相互作用，行動，社会性の進化，および害虫の生物的防除技術開発
- 著・訳書　『親子関係の進化生態学－節足動物の社会』（編・著，北海道大学図書刊行会）
  - 『植物ダニ学』（共著，全国農村教育協会）
  - 『ミクロの社会生態学－ダニから動物社会を考える』（京都大学学術出版会）
  - 『動物社会における共同と攻撃』（共著，東海大学出版会）
  - 『社会性昆虫の進化生態学』（共著，海游舎）
  - "Plant Mites and Sociality–Diversity and Evolution"（Springer）ほか

佐原　健（さはら　けん）博士（農学）
- 1967 年　広島県に生まれる
- 1993 年　北海道大学大学院農学研究科博士課程中退
- 現　在　岩手大学農学部　教授
- 研究テーマ　昆虫細胞遺伝学，昆虫染色体の同定とその進化解明
- 著書　『分子昆虫学－ポストゲノムの昆虫研究』（共著，共立出版）
  - 『虫たちが語る生物学の未来』（共著，(財)衣笠会）
  - "Molecular Biology and Genetics of the Lepidoptera"（共著，CRC Press）ほか

田中　晋吾（たなか　しんご）博士（農学）

   1976 年　札幌市に生まれる
   2007 年　京都大学大学院農学研究院博士課程修了
   現　在　北海道大学サスティナビリティ学教育研究センター　博士研究員
   研究テーマ　　侵入種と在来種の相互作用，寄生者による寄主の操作
   著・訳書　　『昆虫科学が拓く未来』（共著，京都大学学術出版会）ほか

吉澤　和徳（よしざわ　かずのり）博士（理学）

   1971 年　新潟県に生まれる
   1999 年　九州大学大学院比較社会文化研究科博士課程修了
   現　在　北海道大学農学部　准教授
   研究テーマ　　昆虫の系統進化と分類
   著・訳書　　『節足動物の多様性と系統』（共著，裳華房）ほか
   HP アドレス　http://kazu.psocodea.org

糸の博物誌

2012年9月25日　初版発行

編　者　　齋藤　裕
　　　　　佐原　健

発行者　　本間喜一郎

発行所　　株式会社 海游舎
　　　　　〒151-0061 東京都渋谷区初台 1-23-6-110
　　　　　電話 03 (3375) 8567　FAX 03 (3375) 0922

印刷・製本　凸版印刷 (株)

© 齋藤　裕・佐原　健 2012

本書の内容の一部あるいは全部を無断で複写複製することは，著作権および出版権の侵害となることがありますのでご注意ください。

ISBN978-4-905930-86-0　　PRINTED IN JAPAN